L'AMI

DES HABITANS

DE LA CAMPAGNE.

L'AMI
DES HABITANS
DE LA CAMPAGNE.

PAR

Achard de Véatieux.

STRASBOURG,

DE L'IMPRIMERIE DE F. G. LEVRAULT,

RUE DES JUIFS, N.° 33.

1827.

A mon ami Maurel.

C'EST à toi, vieux et sincère ami; à toi, dont les relations sont aussi franches que sûres; à toi qui, lors de la tempête, es venu avec tant d'empressement à l'aide de ton pauvre ami! C'est à toi que j'offre et dédie mon petit ouvrage.

Ne t'effraie point en me lisant de te trouver si souvent au milieu de poulets, oies, canards et dindons : l'expérience a dû t'apprendre, ainsi qu'à moi, que si l'on rencontrait meilleure compagnie, on en trouvait souvent de plus méchante.

Le bon Lafontaine passait délicieusement sa vie au milieu de toute cette *gente*. Refuserais-tu d'y rester quelques minutes?

Ton *éternel ami*,

Achard de Péatieux.

AVANT-PROPOS.

J'ai toujours pensé que le bon devait être le patrimoine de tout le monde : aussi ne me suis-je fait aucun scrupule de prendre, dans les ouvrages de MM. Appert, Bertholet, Bouillon-Lagrange, Buchan, Buchoz, Chaptal, Fourcroy, Olivier de Serres, Parmentier, Rosier, Sonnini, Thénard, Virey, Mathieu de Domballe, M.me Gacon Dufour, M. Bulliard, etc., tout ce que j'y ai trouvé de propre à construire mon petit ouvrage, que j'ai augmenté d'une quantité assez considérable de recettes inédites.

La ferme conviction où je suis de l'utilité de cet opuscule, a pu seule me déterminer à le donner au public. Je ne réclame que le mérite d'avoir offert, dans un assez petit cadre, tout ce qui peut être de la première nécessité. Ce qui se trouve déjà dit, sans doute, mais dans vingt ouvrages divers, et en rend, pour cette raison, la recherche difficile et coûteuse.

J'ai divisé mon livre en dix chapitres, dont chacun traite exclusivement d'une partie.

I.er CHAPITRE : *De la Basse-cour.*

Cette partie, qui pourrait, entre des mains habiles, être si productive, disons mieux, payer à elle seule, dans beaucoup de cas, le *canon* dû pour la ferme, est presque par toute la France négligée et de peu de valeur; je connais des départemens où elle est nulle.

Le fermier a beau être laborieux, intelligent, sa ruine est certaine, si sa femme, chargée spécialement des soins de la basse-cour et des détails du ménage, est paresseuse et sans intelligence. Elle ne doit jamais perdre de vue qu'elle est chargée du revenu le plus certain de la ferme, et que, si ce revenu lui échappe, elle ne peut s'en prendre qu'à elle.

Levée la première, la maîtresse de la maison doit encore être couchée la dernière; son activité doit être sans relâche, et les plus petits détails ne doivent point lui échapper. De son activité, de ses soins naîtront l'abondance, et quand une grêle ou tout autre accident imprévu aura détruit les moissons que son mari avait fait venir avec tant de sueur, elle pourra,

en le conduisant dans ses écuries, en lui
montrant enfin les trésors de sa basse-
cour, lui dire : *ami, console-toi*, nous
avons là de quoi faire face à la perte
de nos grains. J'ai toujours cru, et je
ne cesserai de le répéter, que la fortune
d'un cultivateur était dans ses écuries :
ce produit seul me semble être à l'abri
des intempéries des saisons.

II.ᵉ Chapitre : *De la Cuisine,*

Quand ma bonne ménagère voudra
régaler son laborieux mari et quelques-
uns de ses amis, elle lira ce chapitre,
et pourra mettre le dinde en daube, le
canard aux navets, faire de ses lapins
un civet mangeable, etc. Il est sage,
politique même, d'offrir de temps en
temps à un mari quelques mets nouveaux : qui ne sait qu'on se lasse de tout,

voire même ce bon, ce pieux confesseur d'un de nos rois, qui se lassa de manger des perdrix rouges.

III.ᵉ CHAPITRE : *De la Distillation sans alambic.*

J'ai cru devoir écarter de ce petit ouvrage toutes recettes qui nécessitaient un appareil coûteux et des procédés difficiles à exécuter. Ceux que j'offre n'ont rien de difficultueux; ils peuvent être faits par tout le monde.

Après avoir donné les diverses recettes pour faire les ratafias, sirops et liqueurs, vient ensuite la confection des confitures, pâtes, etc., et ce chapitre est terminé par les moyens de clarifier le miel, le sucre, et par les diverses cuissons de ce dernier.

IV.e CHAPITRE : *Conservation des viandes, du gibier et des légumes.*

A la campagne, souvent loin des villes, il est difficile de renouveler ses provisions et de les conserver fraîches pendant les grosses chaleurs; ce qui force la ménagère à sevrer son mari d'un bon bouillon gras, dont souvent il a grand besoin. C'est pour parer autant que possible à ce grave inconvénient, que je lui donne, dans ce chapitre, les moyens de conserver pendant huit ou dix jours et plus, sa viande de boucherie et son gibier aussi frais que s'ils venaient d'être tués.

Elle y trouvera également de quoi conserver pendant la froide saison toutes espèces de légumes et de fruits, et de se

créer par-là des ressources dont elle eût
été privée.

V.ᵉ Chapitre : *Des Vins, Vinaigres, Boissons factices et économiques.*

Le moment où on lève les récoltes est,
sans contredit, pour les habitans de la
campagne, le plus pénible des momens.
Indépendamment de l'augmentation des
travaux, la chaleur vient encore les
rendre plus pénibles et plus difficiles à
supporter. Le moissonneur, dévoré de la
soif, n'a trop souvent pour l'étancher
qu'une eau croupie et infecte. De là
naissent tant de maladies que l'on eût
évité avec un peu de soin. Si la bonne
et attentive ménagère s'est réservé pour
cette époque une pièce de boisson, elle
n'aura pas le chagrin de voir ses mois-

sonneurs, ni ses gens, en proie à des maux que sa seule imprévoyance aura pu faire naître.

VI.ᵉ Chapitre : *Articles divers.*

Ce chapitre renferme une infinité de recettes qui sont étrangères aux autres chapitres, et qui ne pouvaient y trouver place. J'ai cru devoir en faire un chapitre à part.

VII.ᵉ Chapitre : *Du Jardinage, de ses travaux, etc.*

Un jardin est partout d'une grande ressource, mais bien plus encore dans une maison d'exploitation, où la consommation des légumes fait la plus forte base de la nourriture de ses habitans : puis là, rien de trop, rien de perdu, tout se met à profit ; oui, tout, jusqu'à une feuille. Ce que les hommes ne sauraient manger, devient un supplément de nourriture pour les vaches, les cochons, les moutons et les lapins ; je vous recommande d'en avoir, car ils vous seront utiles en plus d'un cas.

Votre jardin doit être amplement fourni de bons légumes ; je vous donne à cet effet la liste des graines que vous devez y mettre, puis un tableau, vous indiquant la durée de ces graines.

La bonne ménagère y trouvera le travail qu'elle doit y faire exécuter tous les mois ; car bien, Madame, que je vous entende vous récrier et dire : Quoi, je suis encore chargée du jardin ? oui, vous l'êtes ; vous seule pouvez en surveiller les travaux : mais rassurez-vous, je veux vous ôter et la bêche, et la pioche, et ne vous laisser que le commandement; plus, un petit râteau pour enlever les pierres de vos allées, qui pourraient fort bien faire casser le nez à vos marmots.

Vous trouverez figurant dans ce chapitre, des plantes qui sont étrangères au jardin et qui appartiennent à la grande culture. C'est pour les rendre à leur vraie destination que je vous engage à sacrifier un coin de votre jardin pour en faire l'essai en petit; s'il vous réussit, comme je n'en doute pas, vous saisirez un de ces instans que les femmes connaissent si bien, où votre mari sera disposé à tout accorder, et vous le prierez de vous sacrifier un demi, un quart d'arpent pour vos plantes favorites, et il se trouvera, croyant vous obliger, enrichi d'une production étrangère au pays, et dont les produits peuvent être doubles, triples de ceux que fournissent les grains.

VIII.ᵉ, IX.ᵉ ET X.ᵉ CHAPITRES : *De la Chasse, de la Pêche et de la Physique amusante.*

J'ai toujours passé pour un homme très-conséquent, et j'espère vous en donner ici une preuve irrécusable. *Si après la pluie on voit renaître le beau temps,* n'est-il pas juste, plus que juste, de voir succéder les jeux, les ris et le chapitre des distractions à des travaux aussi rudes que ceux que nécessite l'exploitation d'un bien de campagne.

Je vais donc dans les deux premiers de ces chapitres, offrir, ma bonne ménagère, à votre mari des moyens de se distraire en faisant la guerre aux oiseaux et poissons.

Et je vous dédie les petits tours de malice renfermés dans le X.ᵉ chapitre : servez-vous en pour faire voir le diable à votre mari ; mais, croyez-moi, ne lui montrez jamais la diablesse.

TABLE

DES MATIÈRES.

CHAPITRE II.

Cuisine.

CHAPITRE III.

De la confection des liqueurs, sirops, confitu-
res, etc.; et de la clarification du sucre, du
miel et de l'eau.

CHAPITRE IV.

De la conservation des comestibles, des plantes et des fleurs.

CHAPITRE V.

Des Vins, Vinaigres, autres Boissons, etc.

CHAPITRE VI.

Objets divers.

CHAPITRE VII.

Du Jardinage et des moyens à employer pour détruire les insectes mal-faisans.

CHAPITRE VIII.

De la Chasse.

CHAPITRE IX.

De la Pêche.

CHAPITRE X.

Physique amusante.

L'AMI
DES HABITANS
DE LA CAMPAGNE.

CHAPITRE PREMIER.

Économie domestique et rurale.

Ainsi que je l'ai dit dans ma Préface, je ne puis couler à fond, épuiser enfin les divers articles que je traite ; mon ouvrage serait une vraie encyclopédie, et il faudrait quinze ou vingt volumes pour arriver à ce but. Ce n'est point ce que je me suis proposé. Mon but a été de donner à mes lecteurs, sur les parties que je traite, les renseignemens qui m'ont paru devoir leur être le plus agréables et surtout le plus utiles.

Les soins de la basse-cour ne sauraient être l'ouvrage du maître, appelé au dehors par des soins plus importans : sa femme doit donc se livrer tout entière à cette étude et à l'économie de son ménage, si elle veut voir les efforts que fait son mari, couronnés du succès, et contribuer puissamment à la prospérité de la ferme.

J'ai acquis par moi-même la preuve que l'on pouvait retirer d'une basse-cour, bien administrée, des ressources immenses.

On entend par basse-cour, le produit des vaches en lait, fromages et beurre; celui de la laine des moutons et agneaux; celui résultant de la vente des cochons gras, de celle des œufs et de toutes espèces de volailles. Articles que nous traiterons.

1. Animaux. On les délivre tous de la vermine en les frottant avec de la térébenthine.

2. Basse-cour. (*Des soins à y donner pendant les mois de Janvier et Février.*) C'est dans ces mois que commencent les travaux de la basse-cour. C'est en Février que la fermière doit nourrir ses dindes couveuses de graines échauffantes, pour avancer leur ponte et les mettre dans le cas de demander à couver.

Il faut donc à cette époque leur donner, ainsi qu'aux poules et aux canes, du chenevis pilé, avec de la farine de sarrazin, et en composer une pâte, dans laquelle on mettra un peu de sel : par là on avancera la ponte de ces volailles, et elles demanderont à couver de très-bonne heure. Il ne faut point omettre de leur donner du sel pendant qu'elles couvent : il leur est très-salutaire, les provoque à boire et les force de quitter le nid.

3. **Bergerie.** Si l'air, la propreté, sont spécialement recommandés dans les étables , les
bergeries en ont bien plus besoin encore. Rien
n'est plus funeste à la prospérité d'un troupeau,
qu'un local qui manque d'air, et que la sa-
leté qui règne dans la plupart des bergeries. De
ces deux choses naissent, à peu près, toutes les
maladies qui attaquent et dépeuplent un troupeau.

Plusieurs personnes pratiquent à leur bergerie
deux portes, qui tiennent toute la hauteur du
bâtiment : les deux portes sont vis-à-vis l'une
de l'autre, et quand elles veulent renouveler l'air,
elles les ouvrent. Cette méthode est bonne ; mais
elle n'est point suffisante. Il s'exhale une telle
odeur de cette masse de bêtes, que le moindre
séjour de cette exhalaison ne peut qu'être funeste.
Je préfère, indépendamment des deux portes, une
ouverture assez considérable entre le toit et les
murs de support. Cette ouverture ne se ferme
jamais, même dans les plus grands froids.

Il suffit d'examiner l'habillement que la nature a donné à ces animaux, pour être convain-
cu qu'ils peuvent braver les plus grands froids,
et que, s'ils ont à souffrir, c'est bien plus par
les effets des chaleurs que par celui de nos
hivers.

Un hangar vaste, ouvert dans toute sa longueur sur un parc assez grand pour servir de

promenade à vos moutons, seroit de toutes les bergeries la meilleure et la plus saine. Je suis certain que, dans les plus rudes froids, vous trouverez une partie de vos moutons couchés à la belle étoile. Agissez ainsi, et votre troupeau se portera bien, et vos laines acquerront une finesse bien supérieure à celle qu'elles auraient eue si vos bêtes avaient resté enfermées.

Il faut enlever les fumiers tous les quinze jours en été et tous les mois dans l'hiver. Enfin, la ménagère, qui doit visiter tous les jours sa bergerie, donnera les ordres nécessaires à l'entretien de la propreté.

L'hiver, dès qu'il fait un beau froid sec, faites sortir votre troupeau ; ne fît-il que se promener, cette course lui sera utile.

Vous aurez soin d'établir, non adossé au mur, mais bien au milieu de votre bergerie, un râtelier assez grand pour que toutes vos bêtes puissent manger à la fois. Ce râtelier doit être fait comme la huche où l'on pétrit le pain, garni de planches dans toute sa longueur, et recouvert de la même manière, ouvert seulement par le bas à six pouces de hauteur. Cette ouverture doit être garnie de barreaux qui se rattachent au fond du râtelier et empêchent les fourrages d'être attirés au dehors par les moutons et foulés aux pieds. Ce râtelier offre de grands avantages ; 1.° sous le rapport de l'économie du fourrage ; 2.º dans les râteliers ordinaires il arrive souvent que la plupart des moutons se dressent pour aller chercher leur nourriture dans le haut. Ceux qui la prennent au-dessous, reçoivent sur la tête et sur le cou toute la poussière et toutes les graines que font tomber ceux qui mangent au-dessus, ce qui altère la laine et produit de grandes démangeaisons aux animaux, qui, à la première sortie, ne manqueront pas pour s'en débarrasser, d'aller se frotter à tous les halliers et d'y laisser une partie de leur richesse.

Le long des murs établissez une mangeoire dans toute la longueur de votre bergerie, dans laquelle vous mettrez, de temps à autre, le sel que vous destinez à vos bêtes.

Il est essentiel de séparer totalement les brebis avant qu'elles ne mettent bas. Quand vient cette époque, la ménagère doit doubler de surveillance et prendre une femme pour l'aider. Qu'elle ne craigne point de faire cette légère dépense ; elle la retrouvera bien et au-delà.

Dès que l'agneau est né, il faut le frotter de sel, l'en couvrir. La mère le lèche avec avidité. Cela la fait délivrer plus promptement.

Après qu'elle a léché son agneau, il faut lui donner environ une tasse de lait de vache, que vous ferez tiédir, et dans lequel vous mettrez un peu de sel.

4. BEURRE. (*Procédé simple pour l'améliorer.*) Ce procédé consiste à mêler du jus de carottes à la crème destinée à la composition du beurre. Pour cet effet on prend des carottes saines ; on les lave et on les laisse ensuite ressuyer ; on râpe la partie jaune extérieure jusqu'aux fibres intérieures qui sont moins jaunes et qu'il faut rejeter ; on exprime le jus de la râpure et on le bat avec la crème. Ce mélange donne un goût agréable au beurre. Ainsi préparé, il conserve sa qualité beaucoup plus long-temps que celui fabriqué par les moyens ordinaires.

5. BEURRE. (*Méthode anglaise de le saler.*) Les agriculteurs anglais ont une manière particulière de saler le beurre, qui lui donne pour long-temps une bonne consistance, ferme et moelleuse. Ils prennent pour cela deux parties de sel de cuisine, une partie de sucre et une partie de salpêtre. Ils pilent le tout et le mêlent parfaitement. Ils répartissent également une once de ce mélange sur douze onces de beurre, qu'ils pétrissent à la manière ordinaire, afin que les sels pénètrent de toute part. Ils le mettent ensuite dans des vases épais, qu'ils ont soin de bien boucher. Ils le laissent ainsi au moins pendant trois semaines avant de s'en servir.

6. CANARDS ET OIES. Ils doivent avoir leur

toit séparé, tenu très-proprement et fermé tous les soirs.

On plume ces oiseaux deux fois par an. Quand ils ont subi cette opération, qui est très-douloureuse, il faut les frotter avec du vinaigre et du sel : on augmente, il est vrai, pour un instant leurs douleurs; mais on hâte leur guérison.

En les plumant, on évitera de leur enlever le duvet qui se trouve sous les ailes, attendu qu'il repousse très-difficilement.

Pendant les deux premiers jours qui suivent la plumaison, vous leur donnerez des orties hachées dans du caillé salé; cela les rafraîchit et les empêche de prendre la pépie.

Les petits canards et les oisons doivent, tant qu'ils sont jeunes, être garantis de la pluie, qu'ils craignent beaucoup.

7. CHAULAGE DU BLÉ. Vous prenez pour neuf boisseaux de blé (ancienne mesure), deux boisseaux de cendres et trois livres de sel; vous faites bouillir le tout : quand cela a pris une consistance de lessive, vous le laissez devenir tiède; ensuite vous faites un trou dans la masse du blé, que vous avez soin de mettre sur du carreau ou un plancher uni ; avec une pelle de bois vous remuez votre grain jusqu'à ce qu'il soit bien imprégné d'eau; puis vous le remettez en tas.

Le lendemain il est gonflé et le germe est

près de sortir. Si, après avoir semé, il vous restait du blé, vous le lavez, vous le mettez sur le four sécher, vous le vannez et l'envoyez au moulin. Ce chaulage a l'avantage de hâter la germination de plus de quinze jours et de nécessiter un cinquième de moins de semences.

8. CHEVAL. (*Remède contre les coliques des chevaux*) La colique est, des maladies qui attaquent les chevaux, une des plus graves, si on ne se hâte d'y apporter remède. Il arrive souvent que l'animal succombe. Voici donc ce qu'il est important de faire en pareil cas :

Prenez deux poignées de sel, que vous ferez brunir au feu dans un pot neuf, que vous aurez soin de boucher ; remuez-le jusqu'à ce qu'il soit brun et empêchez-le de brûler ; prenez ensuite un litre de petite bière, que vous ferez tiédir ; versez-y le sel brun, et faites-en avaler au cheval attaqué de colique.

L'expérience a prouvé que le remède est infaillible.

9. CHEVAL. (*Enflure, étouffement, indigestion des chevaux.*) Lorsque des chevaux ou d'autres bestiaux ont trop mangé de sainfoin vert, du trèfle, de la luzerne, etc., on doit leur faire prendre une écuellée d'huile où l'on aura mis plein trois dés à coudre de charbons ou cen-

dres de vieux souliers brûlés, et leur frotter ensuite le ventre et les flancs avec un bouchon de
paille. Les chevaux, vaches, etc., ne tardent
pas à fienter et à revenir à leur état naturel.

10. *Autre remède, pour le même usage.* De la
poudre à canon, mêlée et délayée dans l'huile,
opère quelquefois une guérison plus prompte que
la poudre de cuir brûlé. On a vu aussi le contraire.
Dans tous les cas on peut se servir du remède
qu'on aura le plus tôt sous la main.

11. CHIENS. (*Remède certain contre les chancres
qui leur attaquent les oreilles.*) Trempez le bout
de l'oreille, la partie malade, plusieurs fois par
jour dans de l'huile de navette ou de colza : le
chancre guérit promptement.

12. CHIENS (Remède contre la maladie des).
Prenez un gros d'éthiops minéral divisé en six
prises égales, et faites prendre au chien à jeun,
pendant six jours consécutifs, dans une petite
boule de beurre de la grosseur d'une noisette.

13. CHIENS (Maladies diverses des). On assuré que la vaccine préserve les chiens non-seulement de la maladie ordinaire, mais encore de
la rage.

14. Chou - croute (Manière de faire la). Hacher ou couper ses choux bien fins (on a un instrument pour cet usage, qui ressemble assez à un rabot); les mettre dans un tonneau par couche, en ayant soin de mettre dessous la première couche un lit de sel; puis un dessus, ainsi de suite, tant que l'on a de choux. Dans chaque couche on met quinze ou vingt grains de genièvre, plus ou moins, selon les goûts. La couche de dessus doit être du sel. La proportion du sel et du genièvre est d'une livre et demie de sel, et de trois - quarts de livre de genièvre pour vingt-cinq gros choux. On presse bien le tout et on le couvre avec un linge et quelques planches, sur lesquelles on met des poids considérables pour que la fermentation ne puisse les lever. On jette sur le tout, pour aider la fonte du sel, la valeur d'un verre d'eau. Quand les fleurs blanches viennent sur l'eau, on peut commencer à en manger. Elle se fait en automne et dure tout l'hiver et le printemps. Il faut avoir soin, quand on en a pris, de remettre le linge et les poids.

15. Dindes. (*Manière de les élever.*) De tous les hôtes de la basse - cour, le dinde est le plus difficile à élever. On ne peut faire quelques fonds sur lui, que lorsqu'il a pris le rouge. Il faut donc, dans les premiers temps de sa naissance, le nourrir avec du jaune d'œuf et du persil haché. Il craint beaucoup l'humidité et le froid, et on ne doit pas le faire sortir avant que la rosée ne soit levée.

16. DINDES. (*Nourriture à leur donner quand on les engraisse.*) L'ortie grêche, le persil, le fenouil, la chicorée sauvage, l'ail, ont changé avantageusement la saveur de leur chair.

17. DINDONS (Éducation des). Pour fortifier le dindon naissant, il faut le prendre au sortir de sa coquille, le plonger dans l'eau froide, lui faire avaler un grain de poivre avec un peu de lait, et le remettre aussitôt sous sa mère. En le gouvernant de la sorte, il ne craindra ni la rosée ni la pluie.

Leur nourriture, dès qu'ils sont nés, se compose d'œufs durs, coupés menus et mêlés avec de la mie de pain. Au bout de six jours on hache des feuilles d'ortie avec les œufs ; huit jours après on leur retranche les œufs et on ne leur donne que des orties hachées et détrempées avec un peu de son et du caillé. Lorsqu'ils ont acquis un peu plus de force, on substitue au son et au caillé de la farine d'orge et du blé noir, moulu grossièrement. Pour les tenir en appétit, il faut leur donner de temps en temps du millet ou de l'orge bouillie. Lorsqu'ils ont six semaines,

on les nourrit avec des orties hachées grossièrement et mêlées seulement avec du son.

18. ENGRAIS (Nouvel). Mêlez, à égale portion,
de la chaux avec du tan nouvellement retiré de
la fosse; laissez reposer ce mélange quelques
mois, vous trouvez à la place du tan et de la
chaux, un excellent terreau.

19. ENGRAIS VÉGÉTAL. Étendez dans une fosse
ou à plat pays une couche légère de chaux vive,
nouvellement pilée, sur un lit d'herbes vertes,
cueillies avant que les graines y soient, d'un
pied d'épaisseur: au bout de quelques heures la
décomposition est opérée. L'inflammation aurait
lieu, si on n'avait pas le soin de couvrir le tas
entier avec des mottes de terre garnies d'herbes
fraîches et posées l'herbe sur la chaux, la terre
en l'air. La cendre, qui provient de cette opération, est un bon engrais, qui, comme toutes
les cendres, ne veut point être enterré et agit
promptement.

NB. Cette cendre, semée sur des légumes
que les chenilles et les pucerons dévorent, les
détruit. Il faut fortement arroser avant de jeter
la cendre.

20. ÉPI DU MAÏS, dépouillé de ses grains.
Jusqu'ici on n'a fait que le brûler. Il faut le sécher

au four, le moudre et donner cette farine à la volaille.

21. Étables à vaches et à boeufs. Une étable à bêtes à cornes doit être, 1.º bien aérée, que la mangeoire ne soit ni trop haute ni trop basse, et au-dessus doit se trouver le râtelier, nécessaire pour éviter le gaspillage des fourrages. La mangeoire sert pour le son, les féves, les pommes de terre, raves, etc., que l'on donne à manger aux bestiaux.

2.º L'écurie doit être pavée légèrement en pente, pour conduire les urines dans une rigole établie au milieu, qui doit, s'il est possible, les porter dans un grand trou établi à un des bouts de l'écurie. Si la chose est impossible, on fera absorber les urines par la litière sur les lieux.

3.º Comme les vaches craignent d'avoir le devant trop élevé, on aura soin, pour parer à cet inconvénient, de ramasser la litière sous les jambes de derrière.

4.º L'écurie doit être tenue très-proprement. Il faut éviter de laisser de la bouse sous les bêtes, ce qui diminuerait la quantité de lait; éviter qu'il ne tombe du plancher des araignées, des graines de fourrages et autres objets : ce qui produit des démangeaisons et des maladies de peau aux bêtes.

2

5.º Les fumiers doivent être enlevés aussi souvent que possible.

6.º La fille chargée de traire les vaches, doit, avant de le faire, laver le pis de ses vaches et en même temps ses mains. Cette opération rafraîchit la bête et fait descendre le lait.

7.º Quand les bêtes entrent et sortent de l'écurie, les deux battans de la porte doivent être ouverts, et on ne doit point les presser, afin que la vache pleine ne se frappe point ou ne soit pas serrée ; ce qui pourrait la faire avorter.

8.º L'été il faut enlever les fumiers au moins deux fois par semaine, et laver l'écurie quand l'opération des fumiers est terminée.

9.º Je suis de l'avis d'étriller les vaches. Je le conseille donc. Cette opération les débarrasse de mal-propretés qui, si elles n'occasionnent pas de maladie, produisent toujours des démangeaisons qui tourmentent l'animal.

22. FROMAGE AUX POMMES DE TERRE. On fait bouillir une quantité suffisante de pommes de terre, après les avoir pelées et pétries jusqu'à ce qu'elles soient réduites en pâte. On ajoute du caillé de lait doux, non écrémé, en quantité égale à celle de la pomme de terre, quelquefois même en quantité moindre. On assaisonne de sel et de poivre, et de douze à vingt heures

après on forme les fromages : ils se bonifient en vieillissant.

23. FUMIER. Je ne saurai passer sous silence les moyens à employer pour la conservation des fumiers, ce véhicule si puissant en agriculture, et sans lequel il ne pourrait y avoir ni culture, ni productions.

Je vais laisser parler M. Mathieu de Dombale. Voici ce qu'il prescrit à cet effet :

Les fumiers, en sortant de l'étable, se placent ordinairement en tas dans la cour de la ferme, ou à l'extérieur. Le lieu où l'on place ce tas ne doit pas être trop sec, parce que dans les saisons chaudes de l'année la fermentation s'y opérerait mal, à moins qu'on n'arrosât souvent le fumier d'eau ; mais ce qu'on doit éviter par-dessus tout, c'est que le pied du tas de fumier soit baigné par de l'eau stagnante ou courante ; non-seulement cela en enlève les sucs les plus précieux, mais cela nuit à la fermentation de la masse, qui ne peut s'opérer qu'au moyen d'une humidité modérée. Rien ne prévient plus défavorablement contre un cultivateur que la négligence avec laquelle ses tas de fumier sont placés et arrangés.

La place où l'on doit mettre le tas de fumier, doit être creusée à la profondeur de dix-huit pouces environ ; on emplit ce trou, à un pied d'épaisseur, de terre tirée des fossés, de marne

ou de tourbe ; lorsque cette couché de terre sera
pénétrée des sucs du fumier, elle formera un accroissement important d'engrais, aussi riche que
le fumier lui-même. On dépose sur cette couche
les fumiers sortant de l'étable, et on a soin, à
mesure qu'on l'élève, de dresser les côtés bien
verticalement. Lorsqu'on mêle ensemble les fumiers de divers bestiaux, ce qui est le plus convenable dans la plupart des cas, attendu que
les bonnes qualités de l'un corrigent les défauts de
l'autre, on doit avoir soin de les ranger, chacun
bien également, couche par couche, sans entas-
ser ceux d'une espèce sur un même point, sans
quoi la fermentation serait très-inégale. Lorsque
le tas est fini, on fera très - bien de le recouvrir
encore d'un lit de terre ou de marne, qui s'im-
prégnera de principes fertilisans, et qui devien-
dra un excellent engrais. On peut même, avec
beaucoup de profit, placer dans l'intérieur du
tas une petite quantité des mêmes substances,
en les mêlant bien au fumier, ce qui augmentera
d'autant la masse. Il est bon de recouvrir le
tout, lorsque le tas est fini, de branchages d'é-
pines pour empêcher que les poules, en grattant,
jettent à bas du tas une quantité souvent considérable de fumier qu'on rélève rarement, et qui
est ainsi perdu.

24. Laine (Dessuintage de la). Mettez votre

laine macérer pendant quelques heures dans un vingtième seulement de son poids de savon dissous par une suffisante quantité d'eau tiède, et en la foulant souvent. Elle se purge alors entièrement de la petite portion de graisse qui y adhérait encore, et présente ensuite une douceur et un degré de blancheur qu'elle n'aurait pas eu sans cette opération. Cela doit être fait après un bon lavage ou deux.

25. LAIT. (*Manière d'obtenir plus de crème; procédé mis en usage en Alsace.*) En hiver mettez les pots de lait (ces pots doivent être longs et étroits vers le haut) dans un endroit sec et chaud, près des poêles ou du feu ; l'été, à la cave ou dans tout autre lieu frais. Quand le lait est caillé, la crème se trouve toute dessus et on la sépare alors. Ce caillé se mange avec des pommes de terre cuites à l'eau.

26. MOUCHES A MIEL. Ces insectes nécessitant des soins journaliers, je les mets dans le chapitre de la basse-cour.

Le produit de ces mouches est trop immense pour le passer ici sous silence. Beaucoup de personnes ont écrit sur l'éducation de cet insecte, et sur l'avantage qu'il offre à ceux qui en élèvent et qui le soignent bien.

Dans ce genre je n'ai rien trouvé qui m'ait paru plus intéressant, plus utile, que ce qu'en dit Mme Gacon Dufour, dans son intéressant ouvrage, intitulé : Recueil pratique d'économie rurale et domestique.

Elle semble, en nous donnant les moyens de nourrir et de conserver pendant les plus rigoureux hivers cette intéressante mouche, avoir assuré la propagation d'un produit qui, à lui seul, peut faire la fortune d'un agriculteur. Ses moyens sont, 1.° de bien exposer son ruchier, qui doit faire face au levant ou au midi ; 2.° de l'abriter en hiver avec un toit et des paillassons, qui, au besoin, peuvent garantir le devant du ruchier de l'air ; 3.° enfin, en leur donnant dans la mauvaise saison à manger deux fois par jour. Ce manger se compose de pommes tombées, de prunes, de poires, de figues, raisins, côtes de melon, même de carottes et de betteraves, enfin tous les fruits et plantes qui portent un sucre avec eux, que vous faites bouillir dans de la lie de vin (si vous n'aviez point de lie, on pourrait la remplacer par de l'eau en y joignant quelques livres de sirop de mélasse), et vous en composez du raisinet, dont les abeilles sont très-friandes. Il faut huit livres de cette composition pour nourrir, pendant un hiver, une ruche. (La prudence commande d'en faire davantage dans le cas de la continuation des froids.) Vous présentez le manger aux trous de la ruche, et les mouches s'empressent à venir y prendre ce qu'on leur offre ; 4.° de renoncer au moyen barbare, qui, jadis, faisait qu'on détruisait les mouches pour en avoir le miel ; 5.° elle recommande enfin, vers le mois de Février, de semer près de la ruche du sarrazin, afin que de bonne heure les mouches trouvent des fleurs, dont elles sont très-friandes, et dont elles seront d'autant plus avides que ce seront les premières qui se présenteront à elles.

27. O I E S. (*Manière de les engraisser.*) On attend le mois d'Octobre ; on les plume sous le ventre et on les enferme dans un lieu noir et étroit. Un boisseau de maïs suffit pour la nourriture pendant un mois que dure l'opération. On fait tremper dans l'eau un trentième du boisseau dès la veille (l'eau doit être salée), qu'on leur insinue dans le gosier le matin, puis le soir ; le reste du temps elles boivent et barbottent. On mettra dans leur eau un gros charbon de bois ; elles s'amusent avec, et cela les engage à boire. Vers le vingt-deuxième jour on mêle au maïs quelques cuillerées d'huile de pavot ; à la fin du mois on est averti par la difficulté de respirer qu'il est temps de tuer l'animal, sans cela il périrait. Les foies que l'on retire en Alsace des oies engraissées ainsi que nous venons de le dire, sont énormes. Il en est qui pèsent plus d'une livre.

28. **Oies et Canards.** (*Époque où il faut les plumer.*) Dès que vos oies ont atteint l'âge de deux mois, on les conduit à plusieurs reprises dans une eau claire ; on les plume légèrement la première fois, en ménageant le dessous des ailes. La seconde opération se fait à la fin de l'été. Quand elles viennent d'être plumées, il faut les éloigner de l'eau pendant deux ou trois jours. Enfin on les plume une troisième fois, quand, après les avoir engraissées, on les tue. Ainsi cet oiseau, qui a vécu neuf mois environ, peut fournir trois récoltes de plumes.

29. **Porc.** (*Manière de le saler.*) Prenez un baquet bien propre et troué comme pour couler la lessive ; mettez au fond du thym, du laurier, quelques gousses d'ail, de l'ognon, du poivre en grains et en poudre ; couvrez tout cela de sel ; puis faites un lit de porc et un lit de sel ; quand vous serez à moitié du porc, placez les deux gros jambons ; couvrez-les entièrement de sel ; remettez par-dessus encore quelques branches de thym, de laurier, et ajoutez-y quelques feuilles de sauge ; puis continuez d'emplir le baquet avec le reste du porc, ayant soin de mettre toujours un lit de porc, un lit de sel, pressant le tout comme s'il devait y rester ; couvrez le tout de thym, de laurier, d'ognons, de sel, et jetez dessus trois ou quatre verrées d'eau pour provoquer la fonte du sel.

A mesure que la saumure tombe par-dessous, on la verse dessus. Il suffit de la vider cinq ou six fois par jour. Au bout de dix à douze jours au plus vous pouvez retirer votre lard : il est assez salé et se gardera aussi long-temps que l'on voudra, en le pendant au plancher.

Il faut avoir soin de mettre les jambons une quinzaine de jours à la cheminée pour les bien sécher; ensuite vous prendrez de la cendre de sarment que vous passez dans un tamis; vous en couvrez entièrement les jambons, que vous mettez alors entre deux planches avec des poids très-lourds dessus. Lorsque vous voulez faire cuire un jambon, vous le lavez bien, le mettez dessaler et l'enveloppez de nouveau de thym, de sauge, de foin bien vert et qui a bonne odeur. Vos jambons acquerront par ce moyen le goût des jambons de Mayence.

30. *Petit salé.* Toutes les parties du cochon qui sont maigres et entrelardées, sont propres à faire du petit salé. Le filet et la poitrine sont les meilleurs morceaux. Coupez l'un et l'autre en plusieurs parties; mettez au fond d'un saloir de grès une couche de sel; arrangez vos morceaux par couches, en les pressant bien les uns contre les autres, pour qu'il ne reste pas de vide; couvrez chaque couche avec du sel mélangé de salpêtre (quinze onces de sel sur une once de salpêtre);

mettez plus de sel sur la dernière couche ; couvrez le saloir avec un linge plié en quatre ; mettez sur le linge un plateau de bois et sur celui-ci une grosse pierre. Au bout de cinq à six jours on peut retirer le petit salé et s'en servir. Si on veut le garder, il faut saler davantage et laisser dans la saumure. Évitez alors de prendre le petit salé avec un instrument de fer, ni avec les doigts ; il faut se servir d'un morceau de bois.

31. *Saindoux.* Épluchez la panne en en enlevant les membranes qui s'y trouvent ; battez-la et coupez-la en petits morceaux ; faites-la fondre dans un chaudron avec très-peu d'eau ; mettez-y quelques clous de girofle concassés et deux ou trois feuilles de laurier ; faites fondre à petit feu et assez long-temps pour qu'elle soit bien cuite : vous reconnaîtrez qu'elle est à son point, quand les cordons deviennent cassans. Veillez à ce que le saindoux ne se colore pas. Vous le retirerez pour le faire refroidir, et avant qu'il ne soit figé, vous le passerez à travers un tamis.

32. *Manière de faire les Cervelas.* Prenez de la chair de porc très-tendre et très-entrelardée, vous la hacherez et la mêlerez avec un peu de persil et de ciboule hachés, du sel et des épices ; vous en remplirez des boyaux, les ferez cuire deux

ou trois heures, suivant leur grosseur, dans un bouillon sans sel : vos cervelas seront faits.

33. *Andouilles.* Après avoir nettoyé et lavé les boyaux les plus charnus du cochon, on les fait dégorger dans l'eau pendant douze heures en été, et vingt-quatre heures en hiver. On les fait égoutter, on les essuie, et on les coupe en filets. On y ajoute de la viande de cochon, aussi coupée en filets, et de la panne coupée en dés : on mélange bien le tout, en assaisonnant de sel, poivre, herbes aromatiques pilées, épices ; et après l'avoir laissé pendant quelque temps dans une terrine, pour l'imprégner de l'assaisonnement, on introduit le mélange dans des boyaux, qu'on lie sans les remplir entièrement. On place les andouilles au fond du saloir.

34. *Jambons de Bayonne.* Attachez le manche des jambons à la noix, avec une ficelle, et mettez-les en presse entre deux planches chargées de pierres pendant vingt-quatre heures et plus, si la saison le permet ; saupoudrez-les ensuite de sel mélangé d'un douzième de salpêtre, et laissez-les encore en presse pendant trois ou quatre jours ; faites une saumure avec du vin et de l'eau, que vous saturerez de sel en la faisant bouillir. Faites bouillir avec votre saumure, thym, sauge, laurier, genièvre, basilic, poivre, coriandre et anis ; tirez

la saumure à clair, et laissez-la refroidir : arrangez vos jambons dans un saloir en bois ou en
grès, et versez votre saumure par-dessus (il faut
qu'ils y soient entièrement plongés); ajoutez encore quelques poignées de sel : laissez les jambons dans la saumure pendant quinze jours ou
trois semaines, suivant la saison, retirez-les et
mettez-les sécher; quand ils sont secs, enfumez-
les comme il est prescrit (placez vos jambons
sur un grillage à quatre ou cinq pieds au-dessus
du feu, et entretenez par-dessous un petit feu
de branches de genièvre vertes, sur lequel vous
jetterez de temps en temps des branches d'herbes
aromatiques). Vous laisserez fumer pendant quatre
à cinq jours, après cela, frottez-les avec de la
grosse lie de vin, laissez-les sécher, et conservez
dans la cendre.

35. *Saucissons de Lyon.* Prenez de la chair
de cochon, celle qui enveloppe les os de l'échine
est la meilleure, prenez moitié en poids filet de
bœuf, et autant de lard que de bœuf; hachez le
tout, et pilez-le ensuite, à l'exception du lard,
que vous couperez en dés; mêlez le tout ensemble
de manière qu'il se trouve du lard partout. Assaisonnez, pour douze livres de viande, avec dix onces de sel, un quart-d'once de poivre moulu, un
quart-d'once de mignonnette, un quart-d'once de
poivre en grains, et six gros de salpêtre, ail et

échalottes pilés ; pétrissez le tout et laissez reposer pendant vingt-quatre heures. Remplissez de ce mélange de gros boyaux bien nettoyés et lavés successivement à l'eau chaude et au vinaigre ; foulez avec un tampon de bois bien uni pour ne pas déchirer les boyaux, dans lesquels il ne doit pas rester d'air ; fermez les boyaux, et ficelez-les en travers comme une carotte de tabac ; mettez-les dans un saloir avec sel et salpêtre pendant huit jours ; retirez-les ensuite pour les faire sécher dans la cheminée ; vous reconnaîtrez qu'ils sont suffisamment secs, quand ils seront devenus blancs : faites bouillir de la lie de vin avec de la sauge, du thym et du laurier ; resserrez les ficelles des saucissons, et barbouillez-les avec cette lie, lorsqu'ils sont secs, enveloppez-les de papier et conservez-les dans la cendre.

36. *Jambons et Langues à la mayençaise.* Faites une saumure dans les proportions suivantes : quatre livres de sel, une demi-livre de salpêtre, une livre de cassonade, une once de *calamus aromaticus*, enfermé dans un nouet, et suffisante quantité d'eau pour dissoudre le tout. Faites bouillir cette saumure pendant une demi-heure, et laissez-la ensuite refroidir ; mettez vos jambons, les langues, et même du lard dans cette saumure pendant trois semaines, faites sécher de la manière indiquée pour les jambons.

Il serait bien, avant de mettre à la saumure, de faire tremper vingt-quatre heures les jambons et langues dans de l'eau de puits, même quarante-huit heures, si le temps le permet : ils seront plus tendres.

37. *Manière de faire le Lard salé.* Vous prenez le lard de dessus le porc, en ne laissant de chair que le moins que vous pouvez ; vous l'arrangez sur des planches dans la cave, et mettez une livre de sel pilé sur dix livres de lard : quand vous l'aurez également frotté partout, vous mettrez les morceaux les uns sur les autres, chair contre chair ; vous poserez ensuite les planches sur le lard, et des pierres sur les planches, pour le charger, et quinze jours après, vous le suspendrez dans un endroit sec pour le faire sécher.

38. *Manière de faire les Boudins.* Vous prendrez de l'ognon, que vous hacherez, et que vous ferez cuire avec un peu d'eau et de panne. Quand il sera bien cuit, et qu'il ne restera que de la graisse, vous prendrez de la panne, que vous couperez en dés ; vous la mettrez dans la casserole où sera votre ognon, avec du sang et un quart de crème ; vous assaisonnerez de sel fin, mêlé d'épices ; vous manierez bien le tout ensemble, et l'entonnerez dans des boyaux bien propres ; coupez enfin, de la longueur dont vous

voulez vos boudins, en ayant soin de ne pas trop les remplir, pour qu'ils ne crèvent pas en cuisant. Vous ficelerez les deux bouts de chaque boyau; vous les ferez ensuite cuire dans de l'eau bouillante, où vous les laisserez jusqu'à ce que, en les piquant avec une épingle, il n'en sorte que de la graisse, et pas du tout du sang : dès-lors vous les ferez refroidir et les garderez pour le besoin.

39. *Langue fourrée.* Pour fourrer une langue, il faut commencer par la refaire, c'est-à-dire par en affermir la chair, en la faisant bouillir pendant un quart d'heure; après quoi on lui enlève, avec un couteau, la première peau : on la lave dans de l'eau fraîche et la laisse bien égoutter, et on la met ensuite dans un pot de grès, après l'avoir saupoudrée de sel. Ce premier sel fondu, on en remet de nouveau; et lorsque la langue est suffisamment salée, on y met des fines herbes, et on la renferme dans un boyau de bœuf proportionné à sa grosseur; après quoi on la pend dans la cheminée, où on la laisse exposée à la fumée, qui lui donne une saveur particulière et la rend propre à se garder plusieurs années.

40. *Cuisson du Jambon.* On enveloppe le jambon d'une toile claire, et on le met dans une marmite de capacité requise et garnie de son

couvercle ; on fait en sorte que la marmite soit suffisamment remplie d'eau pour que le jambon trempe à l'aise ; on y ajoute aussitôt des carottes, du thym, du laurier, un bouquet de persil dans lequel se trouvent trois ou quatre clous de girofle, deux gousses d'ail et quelques ognons.

Une attention essentielle pendant le temps que dure cette cuisson, c'est d'avoir soin que le feu ne soit pas vif, et que la liqueur frémisse seulement et ne bouille jamais.

Qand on approche de la cuisson, on essaie si un tuyau de paille entre et pénètre au fond du jambon ; alors on y ajoute un demi-setier d'eau-de-vie, et la marmite demeure encore un quart d'heure sur le feu ; le jambon qu'on retire ensuite se désosse facilement et peut être mis sur le plat. On lui laisse la peau, pour qu'il se tienne frais autant qu'il dure.

41. *Saucissons aux pommes de terre.* Prenez une livre de chair de porc, hachez-la ; vous la ferez cuire à moitié ; mêlez cette chair avec quatre livres de pommes de terre battues en pâte ; salez, poivrez, et épicez ; pétrissez ensuite avec soin ; ayez alors des boyaux de bœuf bien nettoyés, et embossez-les, après avoir lié un de leurs bouts, au moyen d'un embossoir de fer-blanc ; piquez le boyau de temps en temps avec une épingle, pour éviter qu'il ne crève en cuisant ; pressez-le

bien pour le rendre d'une égale grosseur, fermez avec une ficelle et étranglez vos saucissons de la longueur que vous voudrez.

On les laisse se ressuyer dans un linge pendant trois jours, et ensuite on les suspend au plafond : c'est un manger très - agréable, que l'on fait cuire, griller ou bouillir au besoin.

42. Porcs. (*Leur toit.*) Le cochon, bien qu'on le dise sale, veut être tenu très-proprement.

Dans sa jeunesse, il faut ne lui donner qu'une nourriture légère, afin que ses boyaux s'alongent; mais, en remplacement d'une nourriture plus solide, donnez - lui beaucoup d'herbages (il faut semer un champ de laitues, qu'ils aiment beaucoup) et, de temps en temps, des tripailles de bœuf ou d'autres animaux.

Lorsque vous voudrez l'engraisser, donnez-lui du sarrazin concassé; un setier lui fera faire du lard plus que le double de farine d'orge.

Il est bon de mêler à la nourriture des cochons qu'on élève et que l'on réserve pour sa maison, du sel; cela rend la chair ferme aux uns et préserve quelquefois les autres de maladie, telle que la ladrerie.

43. Poules. (*Manière de les faire pondre pendant l'hiver.*) Dès la fin d'Octobre on prend une douzaine de poules mères, plus ou moins;

on les met dans l'étable des vaches, derrière
des claies assez hautes pour qu'elles ne puissent
les franchir. On leur donne pour toute nourriture du sarrazin, et le matin une pâtée de chenevis pilé, dans laquelle on met un peu de son
d'orge et environ un sixième de brique pilée et
passée au tamis. Cette nourriture les échauffe au
point de les faire pondre tous les jours; mais
aussi au printemps ce sont des poules ruinées;
elles ne sont plus bonnes qu'à engraisser, pour
mettre au pot ou à porter au marché.

Quand elles ont fini de pondre, on leur retranche la pâtée de chenevis et de brique, et on
leur donne de l'orge pendant quelques jours;
puis on les engraisse, en les nourrissant de pâtée
faite avec de la farine de sarrazin.

44. POULES. (*De leur couvée.*) Lorsqu'elle
se fait avant le mois de Mars, on donne douze
œufs à la poule; au mois de Mars quinze; les
autres mois chauds autant qu'elles peuvent en
couvrir. La couvée dure vingt-un jours; au bout
de ce terme on visite la poule; on écoute pour
voir s'il n'y a pas quelques poussins qui crient.
Si trois jours après le terme de la couvée on n'entend pas crier les poulets, c'est signe que les œufs
sont clairs.

Quand ils sont éclos, on les nourrit, pendant
les quinze premiers jours, avec de l'orge bouillie

ou du millet cru, ou avec de la farine d'orge, ou des feuilles de poireaux hachées menu. Il faut éviter de les laisser courir par le mauvais temps.

45. POULETS. (*Moyen d'avoir des petits poulets dans les plus grands froids.*) Établissez dans votre colombier un petit poêle, bien enveloppé avec un treillage de fer pour que les pigeons ne viennent point se reposer dessus et s'y brûler; entretenez une chaleur douce : vos pigeons pondront comme en été; enlevez aussitôt leurs œufs et substituez-y deux œufs de poule. Dès qu'ils sont éclos, il faut les enlever et les mettre dans de la mousse très-fine et du foin. Vous leur donnerez du millet et du pain émietté, et, au bout de trois jours, ils commenceront à courir dans la chambre (où il doit y avoir du sable sur le plancher). Il est essentiel de les enlever dès qu'ils sont éclos, parce que le pigeon, qui est dans l'usage de dégorger le manger à ses petits, tuerait les poulets. On peut en obtenir sans poêle, en nourrissant bien les pigeons.

46. PRÉSURE (*Manière de la faire.*) Pour la présure, on ouvre la caillette, c'est-à-dire le dernier estomac du veau; on en détache les grumeaux; on les lave dans l'eau fraîche et on les essuie avec un linge bien propre; on les sale, et l'on remet le tout dans la caillette, qu'on

suspend au plancher pour la faire sécher et s'en servir au besoin.

47. VACHES enflées par l'effet du fourrage. Voyez le remède indiqué à l'article Cheval : c'est le même, ainsi que pour le bœuf.

48. VACHES. (*Soins à leur apporter quand elles veulent mettre bas.*) Il faut, quelque temps avant de véler, leur augmenter la nourriture, afin de leur donner plus de force.

Aussitôt que la vache a vélé, vous couvrirez son veau de son et de sel, afin de l'engager à le lécher et de provoquer le délivre, que vous aurez grand soin de jeter hors de l'étable et d'enterrer dans le fumier, pour empêcher que la vache ne le mange ; ce qui lui ferait infiniment de mal.

Quand elle aura léché son veau, vous la trairez, et lui ferez boire le premier lait, qui lui sert d'une espèce de médecine ; ensuite, quand elle se sera vidée, vous lui donnerez une rôtie de pain dans du vin, où vous mettrez un peu de sel.

Il faut sur-le-champ séparer le veau de sa mère ; elle n'aura pas le temps de s'y attacher. Il est dangereux de laisser téter les veaux ; ils frappent si rudement avec leur tête, qu'ils occasionnent souvent des accidens graves à leur mère.

Dans les premiers huit jours de la naissance de votre veau, il faut lui donner tout le lait de sa mère, qui doit être traite trois fois par jour. Rien n'est si aisé que de faire boire un veau ; vous mettez votre main dans le seau où est le lait et introduisez un de vos doigts dans sa bouche ; par ce moyen il boit toute la traite. A chaque fois que vous le faites boire, vous lui cassez un œuf dans la bouche ; à mesure qu'il avance en âge, vous augmenterez la dose. Quand il a douze à quinze jours, vous ne lui donnerez qu'une traite de sa mère ; mais vous faites dedans une soupe de pain de froment (le seigle lui donnerait le dévoiement), dans laquelle vous mettez du sel ; et à chaque fois vous lui donnerez deux œufs. A mesure qu'il vieillira, vous cesserez de lui donner du lait pur ; vous lui ferez sa soupe avec du lait écrémé. Quand il aura six semaines, vous cesserez, petit à petit, de lui casser des œufs dans la bouche, et vous mettrez devant lui de l'herbe tendre, comme de la chicorée, quelques feuilles de laitue, un peu de luzerne ; par ce moyen, vous ferez de beaux élèves.

49. *Moyen de délivrer les vaches.* Prenez une livre de levain ; une once de thériaque, délayée dans de l'eau : donnez ce remède de huit heures en huit heures ; ajoutez-y une petite poignée d'herbe de rue infusée.

50. *Observation*. Enfin, plusieurs personnes sont dans l'habitude de faire saigner leurs bêtes au printemps, sous prétexte de les faire rafraîchir. Pour éviter un usage aussi funeste, il suffit de leur donner, à la fin d'Avril ou au commencement de Mai, de la grande chicorée sauvage : ceci les rafraîchira, renouvellera le lait, et tiendra lieu de saignée.

51. VOLAILLES. (*Poulailler.*) 1.° Le poulailler doit, tant que possible, être exposé au midi, bien garni de perches, bien fermé, etc.

En été, le poulailler doit être nettoyé tous les huit jours. L'hiver, je serais d'avis d'y porter du fumier de cheval, pour tenir chaudement les poules et les engager à pondre.

On doit tenir les volailles loin des écuries aux chevaux et aux bêtes à corne, et les y laisser entrer le moins possible, afin que leurs plumes ne se mêlent point avec le fourrage.

Quand les poux se sont emparés d'un poulailler, il faut choisir une belle journée, et après avoir fermé la fenêtre par laquelle entrent les poules, vous allumez un réchaud au milieu; mettez-y sur de la cendre chaude trois ou quatre poignées de soufre en poudre, sortez promptement et fermez hermétiquement : poux, araignées, souris, tout périra. Deux heures après on ouvre la porte et la croisée, en ayant soin d'empêcher les poules

d'y entrer avant que l'odeur ne se soit évaporée.

52. VOLAILLES. (*Manière de les engraisser.*) Il
faut mettre ses volailles dans une mue, dans un
lieu sombre et chaud, et au moyen d'un entonnoir
fait exprès, les empâter trois fois par jour avec
de la farine d'orge, d'avoine, de petits millets,
de maïs ou de blé noir détrempés dans du lait,
en ayant soin de donner d'abord en petite quantité, puis augmenter la dose au fur et à mesure.
On ne donne point à boire; la pâte doit donc
être un peu liquide : enfin on arrive jusqu'à leur
remplir le jabot. Il faut avoir soin d'être exact aux
heures auxquelles on donne à manger. Les poulets, nourris de cette manière, sont au bout de
huit jours d'un beau blanc et d'un goût excellent. En quinze jours ils ont acquis leur plus
haute graisse. Il faut tenir la mue bien propre
et lever tous les jours les ordures de la volaille.

Notice sur la culture de deux fermes d'égale dimension.

Dans le petit ouvrage que j'offre au public, n'ayant d'autre but que d'être utile aux personnes qui se livrent à l'agriculture et à l'économie domestique, je pense que le tableau comparatif que je fais de la culture de deux propriétés d'égale contenance, doit y trouver place. Les résultats avantageux qu'offre la culture faite avec des bœufs et la charrue simple, ne sauraient manquer de frapper la plupart de mes lecteurs.

Je sais, et je l'ai dit quelque part, que rien n'est plus difficile à détruire que l'usage; il se rattache presque toujours avec l'amour-propre, et les hommes sont peu disposés à y laisser porter atteinte. On voudrait bien changer, apporter quelque amélioration dans son existence; enfin, cesser de manger *du gland*, comme faisaient nos premiers pères; mais une fausse honte nous retient. Que diront nos voisins, si je cesse de faire comme eux? puis, si j'allais échouer? Voilà ce qui empêche la vérité et l'expérience même de faire de grands progrès. Espérons qu'il se trouvera des hommes assez courageux pour rompre les liens qui les retiennent dans une funeste captivité, et doués d'assez de force pour suivre les conseils que nous leur donnons.

Il est des pays où l'on a la sottise de juger de 'a fortune d'un agriculteur par le luxe qu'il déploie dans ses attelages et ses harnais : hélas! tel qui brille n'est pas toujours le plus riche.

En Alsace on divise les agriculteurs en trois classes : les premiers sont ceux qui se servent de chevaux; viennent ensuite ceux qui cultivent avec des bœufs; enfin, la besace est répartie à ceux qui ouvrent péniblement la terre avec des vaches. Il est bien étonnant que, dans un pays si riche par son sol, par l'industrie et l'intelligence de ses habitans, la voix de la vérité ne se soit point encore fait entendre, et que l'on voie, malgré l'expérience, la culture ruineuse des chevaux avoir encore la préférence sur celle des bœufs.

J'avoue que la culture faite avec des chevaux a dû, à son origine, flatter le cultivateur; la beauté, l'agilité du cheval, devaient l'emporter sur la forme peu gracieuse, le pas grave et tardif du bœuf : mais comment se fait-il que l'homme, si attentif à ses intérêts, les ait si long-temps méconnus et les méconnaisse encore ? Voilà ce qui surpasse tout raisonnement.

En lisant attentivement mon tableau, tout homme de bonne foi ne pourra manquer d'être frappé de la différence énorme qui existe dans la dépense des cultures, et de l'avantage qu'offre celle faite avec la charrue simple et les bœufs. L'introduction de cette charrue est-elle si difficile à effectuer, que personne n'ait le courage de l'entreprendre? Je sais que, pour atténuer mon raisonnement, la médiocrité, l'ignorance et la mauvaise foi ne manqueront point de crier au novateur, et de faire valoir nombre de raisons; parmi lesquelles la plus spécieuse sera la force du terrain, qui ne saurait être travaillé avec deux chevaux. Je répondrai à toutes ces clameurs par des faits et des preuves, et vous dirai : cessez de rejeter sur la force de votre terrain un tort qui appartient seul à la forme de votre charrue, qui est très-lourde; abandonnez-la; prenez celle sans avant-train (la simple enfin), et vous verrez que vous serez tout aussi heureux que les habitans de la Suisse, du Palatinat, des Pays-Bas et de l'Angleterre, qui, comme vous, ont des terrains forts, et qui, mieux que vous, se servent de la charrue simple depuis bien des années. Direz-vous, oserez-vous l'avancer, que leur culture et leurs produits sont inférieurs aux vôtres; je ne le pense pas : ces pays sont nos maîtres en ce genre.

Argumenterez-vous enfin sur la force des bœufs, que vous soutiendrez être inférieure à celle des chevaux? elle est au moins égale. Ferez-vous valoir dans vos intérêts leur lenteur? je ne la nie point; mais me refuserez-vous aussi que le bœuf supporte la fatigue plus long-temps que le cheval, peut travailler trois ou quatre heures par jour de plus, a besoin de moins de temps de repos, et se contente d'un repas moins somptueux ? A ces avantages joignez son uniformité dans son *tirage*, sa patience dans les plus âpres travaux, et la force de son tempérament, qui lui fait supporter les chaleurs les plus rigoureuses; puis jugez.

(Suit le Tableau.)

Tableau offrant le parallèle des dépenses a
gales contenances ; savoir : la première faite
(ou rouelles) ; la seconde, faite avec des bœufs
comparaison est tellement à l'avantage de la
foi doit non - seulement en être frappé , mais

1.ʳᵉ Culture. *Grande charrue,* 20 *chevaux.*

En mettant chaque cheval à 340 fr. l'un, vingt chevaux
représentent un capital de........................ 6,800
Intérêt de ce capital à 5 pour cent par an ; ci.......... 340
Entretien d'un cheval, par an, en y comprenant l'entretien des harnais. le vétérinaire. le maréchal et les accidens qui peuvent occasioner la perte totale de l'animal,
en portant cette somme à 350 fr. (on est exact)...... 7,000
Intérêt de cette somme à 5 pour cent par an ; ci........ 350
Le cheval perdant tous les ans de sa valeur, on doit porter
ici en compte 8 pour cent du prix des vingt chevaux ; ci. 544
Cette culture demandant au moins deux domestiques de
plus, à 250 fr. l'un ; ci........................ 500

TOTAL GÉNÉRAL de la dépense ; ci.. 15,534

REPORT de la dépense réelle de la 2.ᵉ culture ; ci.. 7,106

RESTE à la charge de la 1.ʳᵉ culture ; ci.. 8,428

Voilà le chancre qui vous dévore suffisamment mis à découvert, et vainement voudriez-vous nier que je puisse faire avec dix
bœufs le travail de vos vingt chevaux : l'expérience est là à
l'appui de ce que je vous avance. Adoptez la charrue simple et
vous serez bientôt convaincus.

Je dois penser à réfuter une observation qui certes me sera
faite. Quoi, me dira-t-on, vous portez en compte, à l'article
de vos vaches, un produit de 1000 fr., et vous ne dites mot
de celui donné par nos jumens poulinieres ? Ma réponse
est simple, la voici : pour tirer un parti avantageux de votre
poulain, vous ne pouvez guère le vendre avant quatre ans.
Veuillez recapituler ce qu'il vous a coûté pendant ces quatre

nuelles faites dans deux espèces de cultures d'é-
avec des chevaux et la charrue à avant - train
et la charrue simple (sans avant - train). Cette
dernière culture, que tout agriculteur de bonne
se hâter de l'adopter.

2.ᵉ CULTURE. *Charrue simple,* 10 bœufs.

Prix d'achat des dix bœufs, à 240 fr. l'un ; ci......... 2,400
Ne voulant pas diminuer les engrais dont le propriétaire
   a besoin, il achète dix vaches, à 180 fr. l'une ; ci.. 1,800
Intérêt de ces deux sommes, à 5 pour cent ; ci........ 210
Entretien de ces vingt bêtes à corne, à 170 fr. l'une ; ci.. 3,400
Intérêt de cette somme, à 5 pour cent par an ; ci...... 170
Les bœufs et les vaches étant engraissés quand ils sont
   hors de service, les 8 pour cent portés au compte des
   chevaux ne doivent pas figurer ici ; nous devons y porter,
   en cas de perte totale de l'animal, 3 pour cent par an
   sur le prix d'achat des vingt bêtes ; ci............. 126

TOTAL GÉNÉRAL de la dépense... 8,106

Mais de cette dépense nous avons à déduire le produit
   de nos dix vaches, en veaux, lait ou fromage et beurre ;
   je mets à 100 fr. ce revenu par vache, il était impossible
   de l'estimer moins ; ci............................. 1,000

DÉPENSE RÉELLE, ci...... 7,106

années ; défalquez du prix de vente cette somme, et vous serez à
même de répondre à votre propre question. Enfin, pour ne pas
discuter avec vous, je vous passe un produit sur vos poulains
de 1428 fr., reste toujours la différence énorme de 7000 fr.
en faveur de la 2.ᵉ culture.

Si, enfin, vous tenez à la culture avec des chevaux, gardez-la ;
mais introduisez la charrue simple (1) et vous ferez l'économie de
dix chevaux.

---

(1) L'espèce de charrue que j'indique, se trouve chez M. *de*
Dombale, directeur de l'établissement agricole à Roville, par Nancy
(les lettres doivent être affranchies).

CHAPITRE II.

Cuisine.

53. Beurre d'anchois. Lavez quelques anchois, séparez les chairs, hachez-les ensuite, pilez-les dans un mortier : vous les mêlerez avec le double pesant de beurre.

54. Beurre noir. Faites bouillir deux bonnes cuillerées de vinaigre, avec du sel et du poivre ; en même temps faites chauffer du beurre dans une poêle, jusqu'à ce qu'il ait pris une couleur très-brune ; versez dessus le vinaigre.

55. Boeuf a la braise (*en daube avec gelée*). Prenez un morceau de culotte ou de tranche, coupé séparément ; lardez avec du gros lard, après l'avoir désossé ; mettez le morceau dans une terrine proportionnée à sa grandeur, avec des carottes, quelques ognons et un bouquet garni : foncez la terrine de quelques bardes de lard, et ajoutez la moitié d'un jarret de veau ; assaisonnez de sel et gros poivre, deux clous de girofle, mouillez avez du bouillon et un verre de vin blanc : couvrez hermétiquement. Faites cuire à petit feu et long-temps ; au moment de

servir, dégraissez et servez avec les légumes autour. Si vous voulez avoir la pièce froide, passez
la cuisson et laissez-la refroidir jusqu'à ce qu'elle
soit prise en gelée : après l'avoir passée, y mettre
un peu d'essence de citron.

56. Boeuf en miroton. Prenez un plat qui
aille sur le feu, mettez dans le fond deux cuillerées de jus, à défaut de bon bouillon non dé-
graissé, du persil, ciboule, des câpres ou capucines, un anchois et très-peu d'ail, le tout bien
haché, avec suffisante quantité de sel et de
poivre ; arrangez sur ce fond vos tranches de
bœuf, et mettez par-dessus le même assaisonnement que dessous, couvrez le plat, et faites
bouillir pendant une demi-heure.

57. Boeuf a la mode. Faites roussir une
cuillerée de farine avec du beurre ; lorsque le
roux a pris une belle couleur, passez-y votre
morceau de bœuf, mouillez avec du bouillon ;
ajoutez des carottes fendues, quelques ognons,
du sel, du gros poivre et un bouquet garni ;
faites cuire à petit feu et dégraissez avant de
servir.

58. Bouquet garni. On le compose de persil,
ciboule, dont on ne retranche pas le vert, un quart
de feuille ou une demi-feuille de laurier, très-

peu de thym , et, si l'on veut, une demi-gousse
d'ail.

59. CANARD AUX NAVETS. Faites roussir dans
le beurre une cuillerée de farine, passez-y votre
canard, mouillez avec du bouillon et un demi-
verre de vin blanc; ajoutez un bouquet garni,
sel, poivre et muscade râpée : quand le canard
est à moitié cuit, faites roussir des navets dans
le beurre, en ajoutant un peu de sucre dans
votre roux; lorsqu'ils ont pris une belle couleur,
mettez-les dans la casserole où est le canard,
finissez par cuire tout ensemble, dégraissez et
faites réduire la sauce, s'il y en a trop.

60. CARAMEL. Mettez dans un poêlon , ou
autre vase de cuivre non étamé, du sucre en
poudre sans eau : il faut que le sucre soit blanc
et sec; mettez le vase sur un feu vif et remuez le
sucre, afin que tout se caramélise en même temps;
lorsque le sucre a pris une belle couleur brune,
retirez le poêlon du feu; versez-y à peu près
autant d'eau qu'il y a de sucre, pour délayer le
caramel, et versez-le dans un pot de faïence ou
de grès, que vous boucherez.

Servez-vous de ce caramel pour colorer les
potages, le riz, pour donner du goût aux purées
de légumes secs : vous pourrez en mettre dans
presque toutes les sauces brunes.

61. CARDONS. (*Manière de les blanchir.*) Ainsi que les blettes ou cardes de poirée, épluchez vos cardons, coupez-les de la même longueur, faites-les blanchir à l'eau bouillante jusqu'à ce que vous puissiez enlever une petite membrane qui les couvre ; mettez-les alors dans l'eau tiède, ou rafraîchissez celle où ils sont. Faites-les cuire dans une eau où vous aurez délayé une cuillerée de farine.

62. CARDONS AU JUS. Après les avoir blanchis comme ci-dessus, faites-les cuire dans du bouillon où vous avez délayé une cuillerée de farine ; ajoutez du poivre, de la muscade râpée et un bouquet garni, quand ils sont cuits, faites un petit roux ; passez-y les cardons ; mouillez avec une partie de leur cuisson et du jus, ou avec quelque fond de cuisson : laissez-les une demi-heure dans cette sauce pour prendre goût.

63. CARPE A L'ÉTUVÉE. Faites roussir un peu de farine dans du beurre ; passez-y de petits oignons jusqu'à ce qu'ils soient colorés ; ajoutez du beurre, des champignons, un bouquet garni, sel, poivre, muscade râpée et une feuille de laurier ; mouillez avec moitié vin rouge et moitié bouillon gras ou maigre ; ajoutez votre carpe, coupée en tronçons et écaillée ; faites cuire à grand feu pendant une demi-heure ; mettez dans le fond du plat où vous devez servir, quelques croûtons; arrangez votre carpe dans le plat, et versez la sauce par - dessus.

64. CÉLERI FRIT. Après l'avoir blanchi, faites-le cuire dans du bouillon, égouttez - le, trempez-le dans une pâte à frire, et faites frire de belle couleur.

65. CHAMPIGNONS. Si les accidens qui arrivent dans les cités par l'usage des champignons sont graves et fréquens (malgré la surveillance qu'y apporte la police et la proximité des secours), que ne doit-on pas craindre à la campagne, éloigné souvent des gens de l'art, et dénué presque toujours de tous les moyens qui en semblables accidens sont prescrits, et qui peuvent seuls vous sauver la vie.

Le plus sage serait de se priver d'une nourriture si peu amie et souvent si perfide; mais que peuvent de sages conseils sur des personnes présomptueuses, qui vous répondent : je connais les bons; voilà vingt ans que j'en mange sans acci-dens; et sur les autres, dont le goût prononcé pour ce mets fait taire la prudence.

Il ne nous reste donc qu'à donner ici la note des bons champignons, et à tâcher de les dépeindre de manière à ce qu'il soit facile de les reconnaître; puis en mangera qui voudra.

1.º Le champignon de couche ou ordinaire (*agaricus campestris*). On le trouve dans les pâturages et dans les friches : il n'a point de bourse ; son pivot ou pied, à peu près rond, plein et charnu, est garni d'un collet très-apparent ; son chapeau est blanc en-dessus, et ses feuillets (ou son dessous) sont d'une couleur de chair ou de rose plus ou moins claire. Quand ce champignon devient vieux, il prend le dessus noir, et, en le cassant, on y trouve des vers. Il faut rejeter sans regret tous ceux qui sont ainsi. Ce champignon ne peut nuire que dans le cas où on le mangerait vieux, comme je viens de le dépeindre, ou en trop grande quantité ; car tous les champignons sont d'une digestion difficile.

2.º L'oronge vrai (*agaricus aurantiacus*). Ce champignon a une bourse très - considérable ; il est ordinairement plus gros que le champignon de couche ; son chapeau est rouge en dehors, ou rouge orangé ; ses feuillets sont d'une belle couleur jaune ; son support ou pied jaunâtre, très-renflé, surtout par le bas ; il est garni d'un collet assez grand et jaunâtre. Ce champignon, qu'on trouve dans les taillis à Fontainebleau et dans le Midi de la France, est excellent.

3.º Les deux espèces de mousserons : ils croissent au milieu de la mousse, au bord des chemins, et dans les pâturages très-maigres. Ils sont d'une couleur fauve, de la grandeur au plus d'un petit

écu ; le chapeau, de forme plus ou moins irré-
gulière, est couvert d'une peau qui a le luisant
et la sécheresse d'une peau de gant. Le pivot,
plein et ferme, peut se tordre sans être cassé; ce
champignon, ainsi que les précédens, exhale une
odeur agréable. Ces deux espèces sont bonnes à
manger, soit fraîches, soit séchées, pour servir
de garniture à une rouelle, à des pigeons, etc.

Le vrai mousseron, qui est le plus gros, s'appelle *agaricus mousseron.*

L'autre, plus menu, est appelé mousseron faux :
agaricus pseudo-mousseron.

4.° Enfin, la morille, que tout le monde con-
naît (*phallus esculentus*), dont nous ne donnerons
aucune description.

Il y a encore d'autres espèces de champignons
mangeables ; mais qui ressemblent si parfaitement
à des espèces très-vénéneuses, que l'œil le plus
exercé peut s'y méprendre : par prudence je les
passe sous silence.

Bien que l'on ait donné ici le nom de ceux
qui paraissent le plus sur nos tables, que l'on
se soit efforcé à les dépeindre de manière à éviter
toute équivoque funeste, il n'en est pas moins
vrai que ces quatre espèces ont encore leurs
ressemblances, qui sont très-dangereuses. Il est
donc sage de s'en tenir strictement à ce que nous
venons d'expliquer, et que l'on ne perde jamais de
vue que toute imprudence peut causer la mort.

On assure, mais je ne le certifie point, qu'il suffit, pour reconnaître un bon champignon, de le
mettre cuire avec un ognon coupé en quatre;
si l'ognon ne change pas de couleur, le champignon est bon.

On conseille aux amateurs, dès qu'ils doute-
ront de la qualité du champignon, de le casser;
s'il ne change pas de couleur, si son odeur est
agréable, s'il est simple, sec, dont la substance
blanche ne soit ni trop molle ni trop humide,
il peut le croire bon et en petit en faire l'essai.
Mais, encore une fois, le mieux serait de le
fouler aux pieds et de manger ses choux et ses
raves.

66. CHOU AU LARD. Coupez par quartiers un
chou et faites-le blanchir; mettez-le dans une
casserole sur des bardes de lard, avec un morceau de petit salé; mouillez avec du bouillon;
assaisonnez avec du gros poivre et muscade râpée,
un bouquet de persil et ciboule; pas de sel, à
cause du bouillon et du lard : faites bouillir et
cuire à petit feu. Réduisez votre cuisson soit
avec du jus ou du beurre manié de farine, et
versez sur votre chou, que vous aurez tenu chaudement.

67. CHOU-CROUTE. Lavez-la à deux eaux;
puis la faites cuire dans une marmite ou une

casserole avec un gros morceau de lard. Quand
elle sera cuite, vous la passerez dans une casserole avec un bon morceau de graisse blanche.
Vous ferez cuire à part et dans leur propre jus
des saucisses ; quand vous voudrez servir, vous
placerez vos saucisses sur votre chou-croute, et
viderez dessus la sauce de vos saucisses.

68. CHOUX A LA CRÈME. Faites-les cuire à
l'eau de sel jusqu'à ce qu'ils s'écrasent facilement entre les doigts, égouttez-les bien et pressez.
Après les avoir hachés grossièrement, passez-les au
beurre avec sel, poivre et muscade râpée ; mouillez avec de la crème ; faites mijoter jusqu'à ce
que les choux soient bien fondus.

69. CUISSON DE DIVERS LÉGUMES (Observation
sur la). Les haricots, les pois, les lentilles et
beaucoup d'autres légumes ne cuisent bien que
dans l'eau très-pure ; celle des rivières est toujours la meilleure. Enfin, si les circonstances for-
çaient à se servir de celle de puits, il faudrait
alors y mettre gros comme une noisette de
carbonate de soude, que l'on a fait dissoudre
dans de l'eau jusqu'à ce qu'il ne la fasse plus
blanchir. Il se fait un petit dépôt ; on prend le
clair et on s'en sert pour cuire les légumes. Il
faut observer que, si l'on mettait des haricots ou

des pois dans de l'eau bouillante, ils ne cuiraient point ; il faut les mettre en eau froide.

70. DINDE EN DAUBE. Coupez - lui les pattes et bridez-le, afin qu'il reste dans sa forme ; mettez-le dans une daubière juste à sa grandeur, avec des bardes de lard dessus et dessous ; ajoutez les pattes épluchées, un fort jarret de veau coupé en autant de morceaux que vous pourrez, deux carottes fendues, quatre gros ognons, dont un piqué de trois clous de girofle, un panais, quelques zestes de citron, un bouquet garni, sel, gros poivre ; mouillez avec moitié bouillon et moitié vin blanc ; couvrez hermétiquement, et faites cuire à petit feu pendant quatre heures. Quand le dindon est cuit, retirez la braisière du feu et n'ôtez le dinde que lorsque la cuisson est un peu refroidie ; sans cette précaution il prendrait une mauvaise couleur.

Passez la cuisson ; si elle est trop longue, faites-la réduire : vous reconnaîtrez qu'elle est à son point, quand, en en versant quelques gouttes sur une cuiller que vous exposerez à l'air, elles se prendront en gelée.

71. DINDE OU OIE FARCIE DE MARRONS. Otez la première peau de cinquante marrons ou plus, et passez - les avec un peu de beurre, jusqu'à ce que la seconde peau s'enlève facilement ; ou

5.

prenez des marrons rôtis à la poêle, ce qui vaut mieux ; épluchez-les, mettez à part les plus beaux et les plus entiers ; hachez les autres avec le foie de votre volaille, une demi-livre de saucisses, un peu de panne de cochon, ou de la brioche trempée dans du lait, un morceau de beurre, une échalotte, une pointe d'ail, persil, ciboule, sel, poivre et muscade râpée ; passez cette farce sur le feu pendant un bon quart d'heure, mouillez légèrement avec du vin blanc ou du bouillon ; remplissez votre volaille, cousez les ouvertures et mettez à la broche. Servez avec une sauce aux marrons, faite ainsi : faites cuire vos marrons avec du vin blanc (un verre), deux cuillerées de jus ou de fond de cuisson et du bouillon ; retirez les marrons lorsqu'ils seront cuits, afin qu'ils ne se défassent point ; faites réduire votre sauce, si elle est trop longue, et mettez-la avec vos marrons.

72. Épices mélangées. Un quarteron de poivre, quatre gros de muscade, deux gros de girofle, une once de gingembre : pilez toutes ces substances, passez-les au tamis et conservez-les dans un bocal bien bouché.

73. Essence d'ail. Faites bouillir sept à huit gousses d'ail, autant de clous de girofle, le tiers d'une muscade, et une feuille de laurier avec une

bouteille de vin blanc, jusqu'à réduction d'un quart. Filtrez et conservez dans une bouteille bien bouchée.

74. ESSENCE D'ASSAISONNEMENT. Mettez dans une casserole de terre une bouteille de vin blanc, une demi-bouteille de vinaigre, le jus de quatre citrons ; ajoutez huit onces de sel, deux onces de poivre en grains, un gros de girofle, un gros muscade, un gros de macis, deux onces de mousserons séchés, six feuilles de laurier, une pincée de thym et de basilic, trente échalottes écrasées, une once de persil sec, et, si vous voulez, une gousse d'ail ; faites chauffer jusqu'à ébullition, ensuite étouffez votre fourneau et tenez le tout chaudement, sans bouillir, pendant sept à huit heures, en couvrant bien la casserole, ensuite passez avec expression, filtrez et conservez l'essence dans de petits flacons bien bouchés. Il en faut très-peu pour assaisonner toutes espèces de sauces qui doivent être relevées.

75. ESSENCE DE GIBIER. Si vous avez des carcasses ou des débris de lapins, des débris de perdrix, même rôties, concassez-les et mettez-les dans une casserole ou une petite marmite avec des émincées de veau, mouillez avec du vin blanc, faites réduire jusqu'à ce qu'il n'y ait presque plus rien, sans cependant que le fond prenne cou-

leur; ajoutez alors du bouillon, des carottes, des ognons, bouquet, poivre, et faites cuire à petit feu, ensuite passez l'essence au tamis.

76. **Féves de marais.** Faites-les blanchir dans de l'eau bouillante et salée; mettez-les ensuite dans l'eau froide; après les avoir égouttées, enlevez la première peau, mettez-les dans une casserole avec du beurre, un bouquet de persil et ciboule, sel et poivre : passez-les sur le feu. Ajoutez une pincée de farine et un petit morceau de sucre ; mouillez raisonnablement avec du bouillon : quand elles sont cuites, liez avec des jaunes d'œufs.

77. **Fonds de Cuisson.** Passez au tamis tous les fonds de cuisson à la braise ou autres; faites-les réduire à consistance de sauce, et servez-vous-en en place de jus dans toutes vos sauces.

78. **Fraise de veau au naturel.** Faites - la blanchir dans l'eau bouillante pendant un quart-d'heure, retirez-la à l'eau froide, et laissez égoutter ; faites-la cuire avec des bardes de lard, du vin blanc, un peu de bouillon, un ognon piqué, et un bouquet garni, sel et poivre ; faites cuire à petit feu : quand elle est cuite, faites réduire la cuisson ; mettez-y, lorsqu'elle est réduite, des cornichons et un filet de vinaigre, et servez-vous-en comme de sauce.

79. **Fraise de veau frite.** Faites cuire comme

dessus, coupez la fraise en morceaux, et laissez-les tremper pendant une heure dans une marinade tiède, composée de beurre, vinaigre et de persil, ciboule, échalottes hachés fins, sel et poivre. Roulez les morceaux en les sauçant dans la marinade; trempez-les, lorsqu'ils sont refroidis, dans la pâte à frire, et faites-les cuire d'une belle couleur.

80. GELÉE. (*Moyen de la clarifier.*) Fouettez un blanc d'œuf et versez-le dans la gelée un peu plus que tiède; battez bien et mettez sur le feu: quand la gelée aura jeté quelques bouillons, passez-la au travers d'un tamis ou d'une serviette; laissez-la prendre et décorez-en le tour de votre bœuf ou de votre dinde.

81. HACHIS DE MOUTON. Hachez bien votre mouton ou bœuf avec des marrons rôtis, pain ou pommes de terre cuites; faites roussir une demi-cuillerée de farine avec du beurre, passez-y votre hachis; mouillez avec du bouillon ou du fond de cuisson, assaisonnez de sel, poivre et muscade râpée, laissez cuire à très-petit feu pendant une heure: au moment de servir, faites y fondre gros comme un œuf de beurre. Servez avec des croûtons autour.

82. HARICOTS BLANCS (Nouveaux). Mettez-les

dans l'eau bouillante avec un peu de sel; lorsqu'ils sont cuits, égouttez-les; faites tiédir un morceau de beurre manié de fines herbes, avec sel et poivre, mettez-y vos haricots, sautez-les en servant; ajoutez du jus de citron, ou du verjus, ou un filet de vinaigre.

83. Jus (Du). Mettez dans une casserole des bardes de lard, quelques émincées de jambon, de la rouelle de veau en tranches; ajoutez toute autre viande que vous aurez. La proportion ordinaire de la viande est une livre pour un quart de litre de jus; mettez aussi des carottes, des ognons, dont un piqué de clous de girofle, un peu de céleri, un bouquet garni, et de gros poivre : faites suer le tout sur un feu doux, jusqu'à ce que la viande ait jeté son jus; on augmente alors le feu jusqu'à ce qu'elle soit prête à s'attacher au fond de la casserole : à ce moment hâtez-vous de retirer la viande et les légumes; faites un roux dans la casserole, avec du beurre et de la farine, employez gros comme une noix de beurre par livre de viande, mouillez votre roux avec du bouillon, remettez les viandes dans la casserole et faites mijoter pendant deux heures au moins; dégraissez le jus et passez-le à l'étamine. On fait le jus au vin de la même manière, si ce n'est que l'on mouille son roux avec une demi-partie de vin et une demi-partie de bouillon.

84. Laitue farcie. Prenez de belles laitues pommées, ôtez-en les plus grosses feuilles, faites-les blanchir, puis mettez - les en eau fraîche; égouttez-les en les pressant avec les mains, écartez les feuilles sans les arracher, et mettez dans le milieu autant de farce qu'il en pourra tenir (votre farce sera faite avec des restes de viandes, les herbes de la saison et épices); ficelez vos laitues, faites-les cuire à la braise avec bardes de lard, carotte et ognons, un bouquet garni, etc. : mouillez avec du bouillon. Pour lier la sauce, faites réduire et ajoutez un morceau de beurre manié de farine. On peut se servir des laitues ainsi farcies pour les frire : on les égoutte bien, puis on les trempe dans une pâte à marinade, et on les fait frire.

85. Lapin domestique (Du). Il faut qu'il soit privé de choux depuis quinze jours au moins. Mis à la broche, avec un bouquet de mélilot dans le ventre et un morceau de lard, il est passable. On le mange également en civet, et à l'étuvée comme la carpe.

86. Marmelade de tomates. Prenez des tomates bien mûres, coupez-les par quartiers; mettez dans une bassine autant d'onces de sucre que vous avez de livres de tomates, faites-le chauffer à sec, jusqu'à ce qu'il commence à se caraméliser, ajoutez alors des ognons coupés en dés, jusqu'à concurrence du dixième du poids des tomates. Faites prendre couleur à l'ognon, mettez les tomates dans la bassine, avec quelques clous de girofle, du sel, du gros poivre, de la muscade; faites bouillir à grand feu; lorsque les tomates sont bien fondues, passez le tout au tamis de crin un peu clair; remettez ce qui a passé dans la bassine, et faites réduire à grand feu, en remuant toujours, jusqu'à ce qu'un peu de marmelade, que vous mettez sur une assiette, prenne en refroidissant une consistance solide; mettez-la alors dans des pots à confiture, laissez refroidir et couvrez vos pots avec du papier fort, mis en double. Le caramel et le sel qui sont dans les tomates attirant l'humidité, il faut placer les pots dans un endroit bien sec.

87. OGNONS GLACÉS. Épluchez vos ognons; coupez-leur légèrement la racine et la tête, pour qu'ils ne se défassent pas en cuisant; mettez-les dans une casserole, avec un morceau de beurre et du sucre; passez vos ognons jusqu'à ce qu'ils soient colorés; mouillez avec du bon bouillon; faites bouillir à grand feu: quand le mouillement aura diminué des trois quarts, tenez-les à petit feu jusqu'à ce qu'ils soient tombés tout-à-fait à glace.

88. PATE A FRIRE. Délayez de la farine avec des jaunes d'œufs, une cuillerée d'huile au plus et du vin blanc.

89. *Autre.* Vous pouvez également la délayer avec des jaunes d'œufs, du lait et un peu d'eau-de-vie.

90. *Autre.* Détrempez la farine avec de l'eau; ajoutez un blanc d'œuf, une cuillerée d'huile et un petit verre d'eau-de-vie, et battez bien votre pâte.

91. PERDRIX AUX CHOUX. Flambez votre perdrix, piquez-la ou bardez-la, mettez-la dans une casserole avec des bardes de lard; ajoutez quelques carottes et ognons, dont un piqué de deux clous de girofle, et une feuille de laurier; assaisonnez de poivre et muscade râpée, peu ou point de sel, à cause du lard : vous avez des choux blanchis et bien égouttés, ficelez-les et les mettez avec votre perdrix; mouillez avec du bouillon, faites cuire à petit feu; lorsque la perdrix sera cuite, vous la retirerez et la tiendrez chaudement: retirez aussi les choux et les autres légumes s'ils sont cuits, sinon laissez-les encore. Dégraissez la cuisson, passez-la et faites la réduire, si elle est trop longue; jetez-y quelques marrons grillés, et écrasez-en un ou deux pour lier la sauce.

92. Pois (Petits) a la bourgeoise. Mettez dans une casserole un morceau de beurre manié avec un peu de farine; lorsque le beurre est tiède, mettez-y vos pois avec un bouquet garni, sel et poivre; laissez-les cuire dans leur jus, sans mouillement : au moment de servir, retirez la casserole du feu, versez dans un vase la cuisson de vos pois; mettez-y une liaison de jaunes d'œufs avec un peu de crème et un peu de sucre en poudre; versez la sauce sur vos pois, sautez-les et servez.

93. Pois au lard. Faites un roux léger, passez-y du lard coupé en tranches, mouillez avec du bon bouillon et mettez-y vos pois, avec un bouquet de persil et ciboule, peu de sel, poivre, et faites cuire à petit feu.

94. Poudre de Kari. (*Pour les sauces piquantes.***) Prenez** quatre onces de piment mûr et trois onces de racines de curcuma, pilez ces deux substances et passez-les; ajoutez - y une demi-once de poivre fin, uu demi - gros de girofle, et un gros muscade en poudre : conservez en boutcille.

95. Purée de marrons. Prenez des marrons rôtis à moitié, mais suffisamment pour qu'il soit facile d'enlever les première et seconde peaux; passez-les dans une casserole avec un peu de beurre, et mouillez-les avec du bon bouillon et un verre de vin blanc ; ajoutez une demi-cuillerée de caramel ; faites cuire à très-petit feu, jusqu'à ce que les marrons soient bien fondus ; passez-les au tamis : faites cuire dans une casserole et dans leur jus une demi-douzaine de saucisses ; ajoutez à votre purée ce que ces saucisses ont rendu : servez votre purée les saucisses par-dessus.

96. REMOULADE. Battez cinq ou six cuillerées d'huile avec un jaune d'œuf cru et une pincée de sucre en poudre ; quand l'huile sera devenue épaisse, ajoutez-y autant de cuillerées de moutarde que d'huile ; battez le tout ensemble, de manière à former une bouillie bien liée ; vous ajouterez du sel fin en quantité suffisante. Quand on n'a que de la moutarde ordinaire, il faut y mettre un ou deux anchois pilés, ou des fines herbes hachées, savoir : cerfeuil, estragon, pimprenelle, civette, cresson alénois, de chaque une bonne pincée, deux échalottes, et, si vous voulez, une pointe d'ail.

97. SALMI DE FAISAN. Dépecez un faisan cuit aux trois quarts à la broche ; mettez les débris dans une casserole avec un verre de vin blanc, des échalottes hachées, un peu de zeste de citron ou d'orange amère, deux cuillerées de jus ou de bon bouillon, sel, poivre et muscade râpée ;

faites réduire quelque temps avant de servir ;
ajoutez deux cuillerées d'huile fine et le foie du
faisan bien écrasé ; servez avec des croûtons passés au beurre. Si vous n'êtes pas pressé, pilez
la carcasse de votre faisan avec des échalottes,
un peu de persil, sel, poivre et muscade râpée ;
passez au beurre la carcasse pilée. Mouillez avec
du vin blanc, faites bouillir pendant trois quarts
d'heure à petit feu, passez la cuisson et servez-
vous de cela pour mouiller votre salmi. Ce salmi
est applicable à tous les gibiers.

98. SALSIFIS ET SCORSONÈRES. Si vous voulez
les manger frits, il faut, après les avoir égouttés,
les faire mariner avec un peu de vinaigre, sel
et poivre ; trempez-les dans une pâte à frire, et
que votre friture soit bien chaude.

99. SAUCE AUX ANCHOIS POUR LE BOEUF.
Faites dessaler quelques anchois, enlevez leurs
arêtes, et hachez-les ; passez-les ensuite dans le
beurre avec un peu de farine, mouillez avec du
bouillon, et ajoutez des cornichons coupés en
dés ; assaisonnez avec poivre, faites cuire à
petit feu : avant de servir, ajoutez-y quelques
câpres ou capucines.

100. SAUCE A LA MAÎTRE D'HÔTEL. Pétrissez ensemble du beurre, du persil et de l'échalotte

hachés fin , sel , poivre et un peu de jus de citron, ou de verjus; au moment de servir, vous mettrez cet amalgame froid dans ou sous vos légumes, poissons ou viandes, dont la chaleur le fait fondre.

101. SAUCE PIQUANTE. Passez au beurre, dans une casserole, une carotte, deux ognons, jusqu'à ce que le tout ait pris couleur ; ajoutez alors une bonne pincée de farine, mouillez avec du bouillon et un demi - verre de vinaigre ; assaisonnez avec un bouquet garni, une gousse d'ail, sel, piment, et muscade râpée; faites bouillir à petit feu jusqu'à ce que votre sauce soit réduite en bonne consistance.

102. SAUCE AUX TOMATES. Mettez dans une casserole une douzaine de tomates, avec un bon morceau de beurre, quatre gros ognons coupés en tranches, un verre de bouillon, persil, une feuille de laurier, deux clous de girofle, sel, poivre et muscade râpée : faites bouillir en remuant souvent, de peur que vos tomates ne s'attachent. Quand elles seront bien fondues et que la sauce sera épaisse, vous la passerez au tamis.

103. TRUFFES. On les conserve parfaitement en les lavant d'abord avec de l'eau et du vin, et les mettant ensuite dans du vinaigre. Quand on

veut les manger, on les fait détremper dans de l'eau pour ôter l'acidité que le vinaigre a pu leur communiquer.

104. Veau (Du). (*Manière de lui donner le goût du thon mariné.*) Prenez une bonne rouelle de veau ; coupez-la par tranches, et les jetez dans l'eau bouillante, où vous aurez mis deux ou trois feuilles de laurier et du sel qui ait servi à saler soit de la morue soit des harengs. Quand la rouelle aura trempé deux heures environ dans cette eau, vous la ferez bien égoutter, vous la saupoudrerez encore avec du sel, et avec un morceau de bois vous la battrez jusqu'à ce qu'elle soit bien imprégnée de sel ; vous la mettrez ensuite dans un vase où vous aurez mis deux ou trois anchois et rempli de bonne huile d'olive.

105. Verjus. Égrenez du verjus que vous aurez choisi lorsque ses grains ne sont pas encore transparens ; pilez-les et exprimez-en le jus avec une presse ou autrement ; passez à la chausse jusqu'à ce qu'il soit clair ; ajoutez une once de sel blanc en poudre par pinte de jus. Avant de le mettre en bouteilles, il faut mécher celles-ci, sans cela il fermenterait et se gâterait. Quand la bouteille est remplie de fumée, retirez votre mèche, bouchez-la, et un instant après mettez-y votre verjus.

106. VERMIFICATION. (*Moyen d'empêcher la vermification dans les fromages et dans la viande.*) Pour la prévenir et la détruire, il suffit de les arroser d'eau dans laquelle on aura fait dissoudre un huitième du poids de l'eau de nitre.

107. VIANDE. (*Moyen de l'attendrir.*) Trois quarts d'heure avant de mettre votre viande de boucherie à la broche ou au pot, attachez-la à une branche de figuier et couvrez-la de ses feuilles (volailles et gibier s'attendrissent de la même manière, il ne faut y laisser ces derniers qu'une demi-heure). Si l'on ne peut employer ce moyen, il faudra battre vigoureusement votre viande de boucherie avec un rouleau de bois au moins pendant une ou deux minutes.

Observation.

108. En lisant les articles composant la cuisine, le lecteur sera tenté, sans doute, de faire l'application de ce vers de Boileau :

Aimez-vous la muscade? On en a mis partout.

j'ai cru devoir, en fidèle copiste, respecter le goût épiçant de mon auteur ; en ami de l'humanité, je dois prévenir les personnes qui me liront que, la cuisine la plus simple, la plus naturelle, étant toujours la meilleure, il est sage de ne faire des épices qu'un usage très-modéré. On peut donc,

6..

presque dans toutes les sauces, éviter de mettre et muscade et cannelle et girofle; un peu de thym, un peu de laurier, suffisent.

J'ai compris dans ce chapitre une instruction sur les champignons; si la lecture de cet article est utile à une seule personne, je n'aurai pas perdu mon temps.

CHAPITRE III.

De la confection des liqueurs, sirops, confitures, etc.; et de la clarification du sucre, du miel et de l'eau.

109. ANGÉLIQUE. (*Liqueur de table.*) Pour faire trois bouteilles de cette liqueur, prenez un litre et demi eau-de-vie, un demi-gros graines d'angélique, deux onces de tige d'angélique fraîche, deux onces noyaux de pêche, une livre et demie de sucre, un litre eau de fontaine : mêlez le tout pendant une quinzaine, et après, filtrez et mettez en bouteille. (Au lieu d'eau-de-vie on peut mettre de l'esprit de vin : la liqueur serait plus forte ; ce qui ne plaît pas à tout le monde.)

110. CITRONELLE DE NANCY. (*Liqueur de table.*) On jettera dans un litre d'eau-de-vie une livre de sucre candi et le jus, ainsi que les zestes, de trois citrons, qu'on laissera infuser pendant quinze jours, remuant plusieurs fois chaque jour ; après cela on filtrera, et on aura une liqueur légère et infiniment agréable.

111. CONFITURE D'ABRICOTS. Plus l'abricot sera mûr, moins vous aurez besoin de sucre. Vous couperez votre abricot par morceaux, et après avoir pesé vos fruits, vous mettrez toujours par

quarante livres de fruits, quatorze livres de sucre,
ou de cassonade, c'est-à-dire un peu plus du tiers
pesant du fruit. Vous clarifierez votre cassonade;
vous mettrez votre sucre avec votre fruit et le
remuerez sans cesse, parce que cette espèce de
confiture est susceptible, étant moins juteuse que
les autres, de s'attacher à la bassine. Quand toute
la partie humide sera évaporée, vous pouvez la
retirer du feu; elle sera suffisamment cuite. Vous
aurez soin de casser les noyaux, d'en jeter les
amandes dans de l'eau bouillante, afin de pouvoir
les dépouiller de leur peau, et un peu avant de
retirer votre marmelade de dessus le feu, vous
jeterez ces amandes dedans et les remuerez bien,
pour que chaque pot puisse en avoir.

112. CONFITURE FAITE AVEC DE LA CAROTTE.
Prenez de l'eau suffisamment pour baigner les
carottes, que vous aurez ratissées et coupées en
quillons; jetez-y une livre de sucre ou de miel
pour quatre livres de légumes; faites bouillir,
écumez avec soin, joignez-y quelques brins de
cannelle; et lorsque votre eau sera bien bouillante,
mettez-y les carottes, faites-les cuire doucement
jusqu'à la consistance de marmelade, et un instant avant de les retirer du feu, versez dans
votre confiture un demi-litre d'eau-de-vie; lorsque la marmelade sera bien cuite, mettez-la
chaudement dans des pots de grès, que vous

recouvrirez d'un rond de papier trempé dans de l'eau-de-vie, et que vous coifferez d'un double papier, assujetti ensuite au moyen d'un fil. (Les pots ne doivent être recouverts que lorsque la confiture est froide.)

Nota. Vous aurez soin, lorsqu'elle cuira, de très-peu pousser le feu et de bien remuer, afin que rien ne s'attache et qu'elle ne contracte point le goût de brûlé : cette confiture est peu coûteuse et est excellente.

113. CONFITURE DE GROSEILLES EN GRAPPES. Faites un sirop de sucre; quand il est clarifié et cuit *à la plume*, on y verse la groseille en grappes et on fait prendre un bouillon couvert (on appelle bouillon couvert, lorsque le vase bout légèrement tout autour) : vous pouvez y ajouter de la framboise, ce qui donnera bon goût à votre confiture.

114. CONFITURE AVEC DU MIEL. Prenez douze onces de charbon; pilez-le grossièrement, après l'avoir lavé deux fois; mettez-le dans une bassine avec six litres d'eau de fontaine; ajoutez-y six livres de bon miel de l'année; faites bouillir pendant une heure : alors passez le sirop à travers un linge; mettez ensuite des fruits en quantité suffisante et convenablement préparés dans le sirop qui a été passé; faites subir à ce mélange

une demi-heure d'ébullition, ayant soin de le
remuer avec une écumoire; repassez à travers
une serviette, et vous aurez une liqueur claire
et limpide. Après avoir fait nettoyer la bassine,
remettez le sirop au feu et faites-le bouillir à
un degré de cuisson de plus que lorsqu'on emploie le sucre. On peut faire de cette manière la
gelée de groseilles, la marmelade de pommes,
d'abricots, de cerises, de carottes, etc.

115. CONFITURE DE PRUNES MIRABELLE. Vous
prendrez dix livres de prunes mirabelle, dont
vous retirerez les noyaux, et les mettrez cuire
dans la bassine pendant environ un quart-d'heure,
puis vous passerez ce fruit comme je l'ai dit
pour les groseilles (c'est-à-dire vous le mettrez
sur le feu sans eau); vous conserverez le jus que
cela vous rendra. Vous éplucherez d'autres prunes
que vous voudrez employer; vous peserez votre
fruit, afin de vous régler pour le sucre à y mettre:
cette confiture exige un quart de livre de sucre
par livre de fruit.

Ensuite vous mêlerez vos prunes crues avec
ce jus, et vous les ferez cuire comme la confiture
d'abricots; mais elle exige un degré de cuisson
de plus.

Vous pouvez faire de la même façon des reines-
claudes.

116. Crème de Moka. (*Liqueur de table.*) Prenez une demi-livre de café Moka en grains, faites-le griller jusqu'à couleur de marron clair; mettez-le dans un moulin à café, et quand il sera réduit en poudre, jetez-le dans un vase avec le zeste d'une orange fine; versez par-dessus quatre pintes d'eau-de-vie à 21 ou 22 degrés, et laissez infuser pendant deux jours. Faites fondre trois livres et demié de sucre dans deux pintes d'eau de rivière épurée, et mettez-y votre infusion de café: filtrez cette liqueur à la chausse et mettez en bouteille.

117. Curaçao. (*Liqueur de table.*) Prenez une bouteille d'eau-de-vie, une orange entière piquée de cinq ou six clous de girofle, que vous laissez infuser pendant quarante jours dans votre eau-de-vie; retirez votre orange, et jetez-y un sirop fait avec trois quarts de sucre (une demi-livre peut suffire).

118. Eau. (*Manière de composer un filtre.*) L'eau, première boisson de l'homme, la seule à laquelle il eût bien fait de se tenir, bien qu'elle nous soit offerte par la nature, n'est pas toujours bonne et aussi saine que l'on pourrait le désirer. Les personnes qui ne boivent que de l'eau, et qui ont le malheur d'habiter des lieux où les eaux sont peu salubres, liront cet article avec plaisir.

On prend un pot à fleur vide; on fixe à son

milieu un fond d'osier; on étend sur ce fond une couche de charbon pilé de 4 à 5 pouces d'épaisseur, puis on met un lit de sable sur le charbon, et sur le tout un rond de fer-blanc percé de plusieurs trous, afin que les liquides ne puissent former par leur chute des creux dans le sable (ce filtre est à renouveler de temps en temps); cela rangé ainsi, on remplit le pot d'eau, et on la reçoit par un trou dans un vase mis dessous.

119. EAU DIVINE. (*Liqueur de table.*) Prenez essence de bergamotte deux gros, essence de citron un gros et demi, eau de fleurs d'orange huit onces, esprit de vin à 3o degrés quatre pintes, eau sept pintes, sucre trois livres et demie. On fait dissoudre le sucre à froid dans l'eau; ensuite on y ajoute toutes les autres substances, et on les mêle exactement. On laisse cette liqueur deux ou trois jours dans un vase bien bouché, et si elle est un peu louche, on la passe à travers un papier gris : cette liqueur est cordiale, aide à la digestion, et est très-agréable.

120. ÉLIXIR DE GARUS. (*Liqueur de table excellente pour hâter la digestion.*) Prenez soccotin en poudre un gros, myrrhe en poudre deux gros, safran un gros, cannelle, girofle, muscade, de chaque douze grains; mettez infuser pendant huit jours dans deux litres d'eau-de-vie; re-

muez de temps en temps la bouteille, ensuite filtrez. Ajoutez une livre et demie de sirop de capillaire.

121. FLEURS ET RACINES (Distillation sans alambic des). Sur un pot de terre vernissé posez un linge un peu fin, que vous arrêterez avec un cordon aux bords extérieurs du vase; ce linge tombera dans le vase en forme de poche jusqu'à la moitié de sa profondeur; on remplira la poche avec les végétaux dont on voudra extraire l'eau, comme rose, œillet, jasmin, violette, fleurs d'orange, etc.; ensuite on fera chauffer le cul d'une assiette, que l'on posera sur les plantes, et on la remplira de cendres chaudes ou même de charbons ardens : les végétaux rendront alors toute leur eau, qui tombera dans le fond du vase.

Le temps le plus favorable pour cette opération, est celui où les plantes sont dans leur séve, à moins qu'on ne veuille distiller les racines, que l'on ne doit prendre que lorsque la séve est passée.

122. FLEURS. (*Autre manière d'en tirer l'essence.*) Prenez telles fleurs que vous voudrez; mettez-les par couches dans un pot avec du sel commun (de cuisine), en commençant par une couche de fleurs, ensuite une couche de sel, en continuant toujours ainsi jusqu'à ce que le pot soit plein; alors il faut le boucher et le mettre à la cave pendant qua-

rante jours, au bout duquel temps vous renverse-
rez le tout sur une étamine étendue sur une
terrine, laquelle recevra l'essence qui coulera
des fleurs en les pressant : ensuite vous mettrez
cette essence dans des bouteilles, que vous tiendrez débouchées et que vous exposerez au soleil
et au serein pendant vingt-cinq ou trente jours,
pour purifier l'essence, dont une seule goutte sera
capable d'embaumer une pinte de liqueur.

123. GELÉE DE GROSEILLES. Prenez groseilles
rouges avant le point de leur maturité parfaite
dix livres, sucre dix livres ; épluchez la groseille et
concassez le sucre ; mettez l'un et l'autre dans la
poêle à confiture sur un feu vif et clair.

Faites prendre un bouillon couvert, c'est-à-
dire attendez que le bouillon qui commence à se
former sur les bords, s'étende et couvre toute
la surface de la poêle ; retirez alors la poêle du
feu, et coulez sur un tamis de cuir ou autre :
laissez égoutter sans exprimer, et versez la liqueur
dans des pots sans autre préparation. Si on veut
parfumer sa gelée avec l'odeur de framboise, on
étend sur le tamis une livre de frambroises épluchées, et on verse dessus la confiture toute bouillante ; et on couvre les pots lorsqu'ils sont froids.

124. GELÉE DE GROSEILLES, faite sans feu.
On prend deux livres de groseilles, que l'on écrase

bien pour en exprimer le jus au travers d'un linge bien serré; et l'on passe ce jus au travers d'une serviette mouillée. On a deux livres et demie de sucre en poudre; on le mêle avec le jus de groseilles; on remue le tout avec une spatule pour faire fondre le sucre, après quoi on le verse dans des petits pots, que l'on expose au soleil, et la gelée se trouve prise le jour même ou le lendemain : elle est aussi bonne et se conserve aussi bien que celle que l'on fait au moyen du feu.

125. GUIMAUVE (PATE DE). Prenez une livre de racines de guimauve fraîches, que vous ratissez; lavez bien et coupez par petits morceaux; faites-les cuire jusqu'à ce qu'elles puissent s'écraser facilement sous les doigts et passer avec force dans une étamine avec l'eau de la cuisson. Vous mettez le tout dans une poêle sur le feu, jusqu'à ce qu'il se forme une pâte épaisse, que vous remuez toujours avec une spatule; vous la délayez ensuite dans une livre de sucre cuit *à la grande plume;* vous la faites dessécher entièrement sur un feu très-doux; vous opérez le mélange en remuant bien la pâte et le sucre, et vous le dressez dans des moules de cartes que vous mettez ensuite à l'étuve (au four, après le pain).

126. HUILE DE CAFÉ. (*Liqueur de table.*) Pour une pinte d'eau-de-vie prenez cent grains de

café, que vous ferez brûler légèrement; vous jetterez ces grains dans un sirop fait avec une livre de cassonade, et les ferez bouillir deux ou trois bouillons ; puis vous mettrez votre sirop et les grains dans votre eau-de-vie ; et vous fermerez le vase hermétiquement. Au bout de huit jours vous pourrez commencer à filtrer votre huile : au bout d'un mois de bouteille elle sera excellente.

127. HUILE DE ROSE. (*Liqueur de table.*) Prenez une livre de feuilles de rose de tous les mois, deux pintes d'eau-de-vie, deux livres de sucre, un demi-gros de cochenille, un gros d'alun de Rome. Mettez dans un bocal un lit de feuilles de rose; on le recouvre avec un lit de sucre râpé, et ainsi de suite, jusqu'à ce que le bocal soit plein, en ayant soin de terminer par un lit de sucre. Votre bocal ainsi rempli, mettez-le à la cave pendant vingt-quatre heures; au bout de ce temps on vide son contenu dans une terrine, et on verse l'eau-de-vie dessus. On laisse infuser pendant trois heures, puis on le met égoutter dans un tamis, ayant soin de ne pas le presser. On remet ce qui est égoutté dans le bocal. On fait dissoudre la cochenille et l'alun de Rome dans un peu d'eau-de-vie, et on verse cette dissolution dans la liqueur, jusqu'à ce qu'elle ait acquis la couleur rose au degré que l'on désire, et on filtre.

NB. Cueillir les roses dans un temps sec et une heure après le lever du soleil.

128. Jus de groseilles. (*Moyen de le conserver d'une année à l'autre.*) Après avoir exprimé les groseilles, versez le jus dans des bouteilles bien nettes et bien bouchées. Plongez ensuite ces bouteilles dans un chaudron d'eau froide que vous placerez sur le feu. Quand cette eau aura bouilli pendant un quart d'heure, vous la retirerez du feu; et lorsqu'elle sera refroidie, vous en ôterez les bouteilles, que vous goudronnerez et ficellerez pour empêcher l'air d'y pénétrer. Il faut avoir soin, quand on emploie ce jus, de ne pas le laisser en vidange. (Il serait bien de se servir de demi-bouteilles, au lieu de bouteilles.)

129. Limonade sèche, portative dans les voyages, à la chasse, etc. Prenez acide tartarique un gros, sucre huit onces, essence de citron récente six gouttes; triturez d'abord l'acide tartarique, ensuite le sucre; ajoutez l'essence de citron, et mêlez le tout ensemble : conservez dans un flacon bien bouché.

Une cuillerée à café de cette poudre dans un verre d'eau vous donne une limonade fort agréable.

130. Miel (Clarification du). On délaie le miel avec le quart de son poids d'eau; on y ajoute

du charbon concassé cinq pour cent du poids
du miel, et on verse le tout dans une bassine.
On fait bouillir pendant un bon quart d'heure,
et on passe à la chausse le miel, qui passe
d'abord et entraîne du charbon; on le reverse
dans la chausse, jusqu'à ce qu'il passe clair.

Si, ce qui arrive souvent, le miel est acide,
on y ajoute deux ou trois pour cent de son
poid. de craie; ce qui enlève l'acidité.

131. POMMES DE REINETTES. (*Moyen de leur
donner le goût d'ananas.*) Vous choisissez des
pommes de reinettes blanches, bien belles, bien
saines, et vous les essuyez bien avec un linge fin.

Vous avez des boîtes de sapin, dans lesquelles
vous mettez un lit de fleurs de sureau séchées à
l'ombre, puis un lit de pommes, ainsi de suite,
jusqu'à ce que votre boîte soit pleine, en ayant
soin de remplir de fleurs tous les vides occasionés
par la forme ronde des pommes et de prendre
garde qu'elles ne se touchent. Vous fermerez ensuite votre boîte, après avoir terminé vos couches
par un lit de fleurs, et collerez du papier sur tous
les joints, pour que l'air n'y pénètre pas : par ce
moyen simple vous mangerez jusqu'au mois de
Juillet et Août des pommes qui auront le goût
d'ananas.

132. RAISINÉ (Manière de faire le). On prend
vingt-quatre litres de moût de raisin, quand il

est doux, et on en met la moitié dans la bassine, qu'on ne perd pas de vue; et on établit promptement le bouillon, qu'on abaisse en ajoutant peu à peu l'autre moitié; après quoi on écume à diverses reprises, et on passe à travers une toile serrée; on remet le tout au feu, et on continue l'évaporation en remuant, sans discontinuer, avec une spatule de bois à long manche, jusqu'à ce qu'il ait acquis une consistance convenable, ce qu'on reconnaît en en versant chaud sur une assiette. Il parvient, en se refroidissant, à l'état d'une gelée de fruits.

Si l'on veut composer le raisiné de fruits, quand le moût est réduit à la moitié de ce qu'on a employé, qu'il a été suffisamment écumé, on le passe à travers une toile, et on met les fruits épluchés et coupés par quartiers dans une bassine, où l'on verse la liqueur. Elle se réduit au premier bouillon et ensuite les fruits fondent peu à peu : on la remue continuellement, en modérant le feu vers la fin. On reconnaît qu'elle est assez cuite, lorsqu'en en mettant gros comme une noix sur une assiette de faïence, elle ne s'aplatit pas trop, et surtout lorsqu'elle ne laisse plus dissiper d'humidité qui marque autour d'elle une espèce d'auréole.

133. RATAFIA D'ANGÉLIQUE. (*Liqueur de table.*) Prenez trois tiges d'angélique, ôtez-en les feuilles

et coupez-les en filets; faites-les blanchir à l'eau
bouillante pendant quelques minutes; faites-les
ensuite infuser dans de l'eau-de-vie, à raison
d'une pinte pour trois onces de tiges; ajoutez-y
une once de graines d'angélique par pinte d'eau-
de-vie; laissez infuser pendant quinze jours. Il
faut six à huit onces de sucre par pinte (vous
pouvez mettre votre sucre dans l'infusion) : filtrez
et ajoutez un filet de fleurs d'orange.

134. RATAFIA DE BOUILLON-BLANC. Faites infuser dans un litre d'esprit de vin mélangé avec
trois quarts de litre d'eau, deux onces fleurs de
bouillon-blanc, bien sèches et peu colorées (ce
qui annonce qu'elles ont été séchées rapidement);
plus, six grains de safran et un filet d'eau de
fleurs d'orange : après six jours d'infusion, passez
avec expression et filtrez.

135. RATAFIA DE BROU DE NOIX. (*Liqueur de
table.*) Prenez soixante noix récemment nouées
et écrasez - les (les noix doivent être grosses
comme des noisettes); jetez-les dans deux litres
d'eau-de-vie, douze onces de sucre, un gros de
macis, un gros de cannelle et un gros de girofle;
faites macérer le tout ensemble pendant deux
mois : filtrez sans expression.

136. RATAFIA DE CAFÉ. (*Liqueur de table.*)
Faites brûler un quart de livre d'excellent café,

jusqu'à ce qu'il ait atteint une couleur modérée (couleur de marron); concassez-le, en le pilant dans un mortier pendant qu'il est chaud; mettez-le de suite dans un bocal, avec une livre et quart de sucre en poudre; versez par-dessus deux litres d'eau-de-vie : laissez infuser pendant dix jours; puis passez et mettez en bouteilles.

137. RATAFIA DE CASSIS. (*Liqueur de table.*) Prenez une livre de cassis, une demi-livre de mérises, un quarteron de feuilles de cassis et un demi-gros de cannelle : vous écraserez les mérises et le cassis; vous hacherez les feuilles de cassis et concasserez la cannelle; vous mettrez infuser le tout pendant trois semaines dans trois pintes d'eau-de-vie, auxquelles vous ajouterez bientôt une chopine d'eau, qui vous aura servi à faire fondre deux livres de sucre ou cassonade; après avoir laissé reposer la liqueur, vous la passerez à la chausse et la mettrez en bouteilles bien bouchées.

138. RATAFIA DE COING. (*Liqueur de table.*) Râpez des coings, exprimez-en le jus, et ajoutez-y le double d'eau-de-vie et un filet d'eau de fleurs d'orange, avec trois ou quatre amandes amères concassées : filtrez après quatre jours d'infusion.

139. RATAFIA DE FRAMBOISE. (*Liqueur de table.*) Mettez infuser dans deux litres d'eau-de-vie,

ou un litre esprit de vin à 36 degrés, une livre et demie de framboises macérées pendant deux heures, avec une livre de sucre en poudre. Si vous employez de l'esprit de vin, vous ajouterez trois quarts de litre d'eau : laissez infuser pendant vingt-quatre heures et filtrez.

140. RATAFIA DE GENIÈVRE (*bon pour les estomacs faibles et les vieillards*). Prenez deux onces de baies de genièvre bien mûres et entières, deux litres d'eau-de-vie, dix onces de sucre ; faites macérer pendant quinze jours : filtrez sans expression.

141. RATAFIA DE GRENOBLE. (*Liqueur de table.*) Prenez trois livres de mérises (cerises des bois), écrasez-les avec leurs noyaux, six litres d'eau-de-vie à 22 degrés, trois livres de sucre, le zeste de la moitié d'un citron ; faites macérer le tout pendant un mois : passez avec expression et filtrez.

142. SCUBAC. (*Liqueur de table.*) Mettez infuser dans deux litres d'eau-de-vie un gros de safran, le zeste d'un citron, un demi-gros de cannelle, quatre clous de girofle, six amandes amères concassées, un filet d'eau de fleur d'oranges et une livre de sucre : filtrez après huit jours d'infusion.

143. SIROP DE CAPILLAIRE. (*Recette pour le faire.*) Clarifiez deux livres de sucre avec deux livres

d'eau : faites réduire votre sirop d'un quart, et versez-le tout bouillant sur deux onces de capillaire haché, que vous avez mis sur l'étamine. (On appelle étamine une passoire.)

144. Sirop économique, qui ne revient pas à cinq sous la livre. Prenez trois livres de malt, ou grains germés, qui sert à faire la bière, faites-le sécher lentement sur un fourneau, pilez-le grossièrement, après en avoir séparé tous les germes ; faites-en une pâte avec de l'eau tiède et mettez-la dans un vase qui puisse se fermer avec un couvercle. Vous verserez peu à peu quatre à huit pintes d'eau bouillante sur la pâte, que vous remuerez pour la délayer pendant une demi-heure ; couvrez-la ensuite et la laissez reposer une heure ; versez doucement l'eau qui reste au-dessus, et passez le dépôt au travers d'un linge, pour séparer le son ; vous y jetterez alors une poignée de charbons écrasés, ce qui ôtera le goût désagréable de grains germés. Il faudra faire bouillir ce nouveau mélange pendant un quart d'heure, au bout duquel vous le coulez à travers un filtre dans un vase propre ; là vous le ferez cuire à un feu doux en consistance de sirop : vous clarifierez ce sirop avec du blanc d'œuf.

145. Sirop de vinaigre de framboise. Faites macérer pendant quatre jours une demi-livre de

framboises avec un litre de bon vinaigre non-distillé; passez sans expression : faites clarifier quatre livres de sucre, avec un litre d'eau et ajoutez-les au vinaigre aromatisé avec les framboises; mettez-y aussi quatre onces d'eau-de-vie. Quand on veut se désaltérer dans les grandes chaleurs, on met une cuillerée à bouche de ce vinaigre dans un grand verre d'eau, et l'on a une excellente boisson.

146. SUCRE (De la clarification du). Prenez deux ou trois blancs d'œuf, selon la quantité de sucre à clarifier, battez-les en ajoutant peu à peu de l'eau, jusqu'à concurrence d'un litre par œuf; cassez votre sucre et mettez-le dans une bassine avec de l'eau de vos œufs; faites bouillir et enlevez l'écume à mesure qu'elle se forme : vous ajoutez de temps en temps de l'eau d'œuf, jusqu'à ce que l'écume soit blanche, alors le sucre est complétement clarifié.

147. SUCRE (De la cuite du). 1.º On le dit à la nappe, lorsqu'en y trempant l'écumoire et la retirant de suite, il s'écoule en nappe sur la surface de l'écumoire, si on la renverse.

2.º Il est au perlé, lorsqu'en y trempant le bout du doigt, le rapprochant du pouce, et étendant ensuite les deux doigts autant qu'il est possible, il se forme de l'un à l'autre un filet de sucre qui ne se rompt pas. Lorsque le sucre est à cet état, le bouillon élève sur la bassine des globules rondes qui ressemblent à des perles de verre.

3.° Il est à la plume, lorsqu'en trempant l'écumoire dans le sucre et soufflant à travers, il en sort des globules légères qui tiennent l'une à l'autre.

4.° Enfin, il est au cassé, lorsqu'après avoir mouillé votre doigt à l'eau fraîche, vous le trempez dans le sucre et ensuite dans l'eau ; si, après avoir détaché le sucre qui tient à votre doigt, il casse net sous la dent, il est à son point extrême de cuisson ; il ne contient plus d'eau et il est temps de le retirer, sans quoi il se caraméliserait.

Il y a des degrés intermédiaires auxquels on a donné des noms particuliers : on les reconnaît à ce que les signes qu'on a fait connaître ci-dessus, ont plus ou moins d'intensité.

Ainsi, quand le filet se casse en étendant les doigts, le sucre est au lissé ; quand, en soufflant à travers l'écumoire, les globules qui s'envolent sont petites et en petite quantité, il est au soufflé ; il est au petit cassé, quand le sucre détaché du doigt qu'on y a trempé, ne casse pas net et tient aux dents.

148. Tiges d'angélique confites. Épluchez un pied d'angélique, en séparant les feuilles dures

et creuses ; faites-le blanchir à l'eau bouillante pendant un quart d'heure ; après l'avoir égoutté, plongez-le dans le sucre cuit à la grande plume, jusqu'à ce qu'il paraisse solide et comme frit ; enlevez-le alors avec une écumoire, et faites sécher sur un marbre.

Les écorces d'oranges et de citrons fraîches, les jeunes noix, se traitent de la même manière. On ne blanchit pas les fruits, mais on les fait tremper pendant quelques heures dans une eau dans laquelle on a fait dissoudre de l'alun.

On verse dessus le sucre cuit à la plume et à demi refroidi : ce sucre se décuit par le suc des fruits ; on le décante, on le remet sur le feu, et on le verse une seconde, une troisième fois, et même plus pour les gros fruits aqueux.

149. Vespétro. (*Liqueur de table.*) Prenez deux gros graines d'angélique, une once de coriandre, une pincée de fenouil, une pincée d'anis, un gros cannelle, une demi-douzaine clous de girofle, deux citrons, dont vous coupez le zeste et que vous mettez séparément dans la liqueur. Le tout doit être mis dans deux bouteilles d'eau-de-vie après avoir concassé les graines. Vous laisserez infuser pendant douze ou quinze jours, en ayant soin de remuer tous les jours une fois ; après vous y ajouterez une livre de sucre.

150. *Observations sur les liqueurs en général, ou l'art de les faire à la minute.* Faites un sirop clarifié avec uue partie de sucre et deux parties d'eau, ajoutez-y un volume égal d'esprit $\frac{3}{6}$: achetez chez un droguiste des teintures de cannelle, de vanille, de benjoin, de girofle, de macis, d'ambre, etc., et des essences de bergamotte, de cédrat, de citron, etc. Vous versez dans la liqueur sucrée celles de ces teintures ou essences que vous préférez : vous versez peu à peu, et après avoir secoué la bouteille, vous goûtez de temps en temps; lorsque vous la trouvez à son point, vous bouchez la bouteille.

CHAPITRE IV.

De la conservation des comestibles, des plantes et des fleurs.

151. ARTICHAUTS. (*Manière de les conserver.*) On prend de beaux artichauts, que l'on prépare comme pour les faire cuire ordinairement, on les met dans l'eau bouillante, et on les y laisse assez de temps pour qu'on puisse en enlever la calotte et extraire ce qu'on appelle le foin ; à la place du foin, on introduit du sel bien fin, puis on met les artichauts dans un pot de grès que l'on remplit d'eau, en y ajoutant une bonne poignée de sel et environ un demi-setier de vinaigre : on couvre le pot avec du beurre fondu.

Quand on veut les manger, on les met tremper dans l'eau tiède, puis on les fait cuire à grande eau.

152. *Autre manière de les conserver.* On les casse de dessus leurs tiges, en évitant de se servir d'un couteau ; on les jette ensuite dans de l'eau bouillante, où on les laisse cuire à moitié ; on les retire, on les fait égoutter, on en arrache le foin avec une cuiller, en conservant les feuilles et en coupant le dessus à l'épaisseur d'un écu ; on les plonge ensuite à l'eau froide ; on les y laisse une heure ou deux, après quoi

on les met dans une eau chargée de sel commun ou dans du vinaigre. Dans cet état on les expose deux jours à l'air, puis on les couvre d'huile ou de beurre, et enfin de papier, pour les serrer dans un endroit frais. Au lieu de les garder dans l'eau salée ou dans le vinaigre, que l'on doit changer de temps en temps, on peut les faire sécher plusieurs jours au soleil, et ensuite dans un four à une légère chaleur, après quoi on les mettra dans un lieu sec et exempt d'humidité. Quand on voudra s'en servir, on les jettera dans l'eau tiède, et on les préparera comme à l'ordinaire.

153. ARTICHAUTS MARINÉS. On fait bouillir les artichauts jusqu'à ce qu'on puisse aisément en détacher les feuilles; on en sépare le foin et la tige, sans se servir de couteau; on les met ensuite dans un mélange de sel et d'eau, dont on les retire une heure après; on les laisse sécher sur un linge et on les dépose enfin dans des bocaux, coupés par tranches, avec un peu de macis et de muscade, en versant dessus deux parties de vinaigre et une d'eau. On couvre ensuite le tout de graisse de mouton fondue, pour empêcher le contact de l'air.

154. ASPERGES. (*Procédé pour les conserver pendant l'hiver.*) Après avoir ôté le blanc des

asperges, on les fait blanchir, en prenant garde de ne pas les écorcher; on les met dans un pot de grès ou de verre, dans lequel on verse de l'eau et du vinaigre, mêlés par parties égales; on y ajoute du sel et quelques tranches de citron : ensuite on les couvre de deux ou trois pouces d'huile. Quand on veut s'en servir, on les lave à l'eau chaude deux ou trois fois, et on les fait cuire à l'ordinaire.

155. BOEUF SALÉ DE HAMBOURG. (*Manière de le faire.*) On dépèce le bœuf en morceaux de dix à douze livres, qu'on saupoudre de sel blanc, dont on le pénètre bien en le comprimant avec un rouleau. Au bout de trois à quatre jours on soumet les morceaux de bœuf à la presse, le sel s'y insinue jusqu'au centre; alors on le suspend dans une cheminée à une distance suffisante de la flamme, pour que la graisse ne coule point, et l'on fait dessous un feu de bois vert pour qu'il donne beaucoup de fumée : on le choisit aromatique, comme le genévrier, le laurier, etc. Le thym, la lavande et la sauge peuvent y être employés.

156. BOUILLON (Conservation du). Il suffit de le faire bouillir soir et matin; mais comme il se réduit de plus en plus, il faut le saler très-peu à la marmite. Par ce moyen simple vous conser-

vez votre bouillon plusieurs jours dans les plus grandes chaleurs.

157. FLEURS. (*Moyen de conserver leurs couleur, fraîcheur et odeur.*) On lave une quantité suffisante de sablon fin pour en séparer les parties étrangères, on le fait sécher et on le passe à travers un tamis. Lorsqu'on a disposé le vase dans lequel on veut mettre la fleur, on cueille celle-ci dans un temps sec, en ayant soin de laisser une tige assez grande, selon le vase. On met au fond du vase du sablon chaud dans lequel on assujettit la plante de manière à ce quelle ne touche point les bords du vaisseau : on achève de le remplir en mettant peu à peu du sablon, et ayant soin d'étendre les feuilles et les fleurs sans les gêner. On en verse jusqu'à ce que la plante soit recouverte de deux travers de doigts. Après quoi on expose le vaisseau dans une étuve ou au four chauffé à 5o degrés, et on l'y laisse un jour ou deux, quelquefois davantage, lorsque les plantes sont épaisses et succulentes.

Puis, pour retirer la plante, on fait doucement couler le sable sur un papier, et on en sépare la plante, qui a conservé sa forme.

La chaleur du soleil suffit pour le plus grand nombre des plantes, et quelquefois on peut laisser le vase à l'ombre lorsque les plantes sont peu succulentes, telles que la rose, le jasmin, etc. ;

mais dans ce cas il faut une huitaine de jours et quelquefois davantage.

Il faut observer qu'il est quelques fleurs qui nécessitent une petite opération pour conserver les pétales ; la tulipe et les lis sont dans ce cas : il faut, avant de les ensabler, couper le fruit triangulaire.

158. FRUITS. (*De leur conservation.*) Soit poires, pommes, pêches ou prunes, on choisit les plus beaux de ces fruits, on coupe un petit bout de leur queue, et on la scelle avec de la cire d'Espagne ; ensuite on trempe séparément chacun de ces fruits un peu rapidement dans la composition suivante, bien entendu que celle-ci doit être refroidie jusqu'à la température de la chaleur du sang.

Faites bouillir une livre d'alun en poudre dans trois litres d'eau de pluie, jusqu'à ce que la décoction soit réduite au tiers ; alors on la laisse refroidir au degré prescrit, jusqu'à tiédeur ; on y trempe les fruits un à un, et on les pose, au fur et à mesure, sur une claie ou des tamis. Quand vos fruits seront suffisamment séchés, vous les rangerez dans des boîtes, petites caisses ou barils, sur un lit de sable fin et bien sec : entre chaque couche de fruits il en faut une de sable, avec laquelle vous commencerez et finirez de couvrir vos fruits au moins de deux pouces d'épaisseur. Placez vos boîtes dans un endroit sec.

Quand vous voudrez vous en servir, vous les retirerez, les essuyerez avec un linge, vous couperez les bouts des queues, et vos fruits sembleront sortir de l'arbre.

159. GIBIER. (*Moyen de le conserver.*) On ouvre chaque pièce et on la vide; on ôte aux oiseaux jusqu'au jabot; mais on les laisse dans leurs plumes, comme les lièvres dans leurs poils; on les remplit ensuite de froment, et, après les avoir recouverts, on les enterre dans le blé.

160. *Autre moyen de le conserver.* On conserve très-bien gibier, volailles, et la viande de boucherie, en les enveloppant dans un linge blanc pendant qu'ils sont encore frais, et les mettant dans un coffre que l'on couvre de sable. La viande s'y conserve pendant trois semaines, et devient fort tendre. Il faut que le coffre soit exactement recouvert de sable. La viande de boucherie plongée dans du lait aigre se conserve sept à huit jours dans les plus grandes chaleurs.

161. GROSEILLES. (*Manière de les conserver.*) Vous égrenerez de belles groseilles, peu mûres, vous les mettrez et tasserez dans des bouteilles, que vous fermerez hermétiquement, puis vous les mettrez au bain-marie: aussitôt que l'eau commencera à bouillir, vous retirerez le vase du feu, et un

quart d'heure après, vous sortirez vos bouteilles de l'eau. On peut, par ce même procédé, les conserver en grappes, ainsi que les cerises, framboises, groseilles à maquereaux, etc.

162. HARICOTS VERTS. (*Manière simple de les conserver.*) Choisissez des haricots tendres et bien frais, épluchez-les, faites-les bouillir pendant quelques minutes (afin qu'ils aient tous le même degré de cuisson, on les met dans un panier que l'on plonge dans le chaudron); étendez-les sur une claie, ayant soin qu'ils ne soient point les uns sur les autres, retournez-les jusqu'à ce qu'ils soient secs; puis suspendez la claie au plancher ou au mur, en laissant les haricots dessus.

163. MELON. (*Moyen de le conserver frais.*) Vous prenez des melons tardifs, avant qu'ils aient acquis leur parfaite maturité, vous les essuyez légèrement avec un linge, et les mettez dans un endroit sec pendant un jour ou deux; ensuite vous passez de la cendre. pour qu'elle soit dégagée de tous les petits charbons; vous la mettez dans un tonneau bien sec, et vous enterrez vos melons dans cette cendre. Par ce moyen vous mangerez des melons en hiver et au printemps.

164. NOIX. (*Moyen de conserver fraîches les noix, amandes et noisettes.*) Dès qu'elles sont

mûres, prenez-en deux ou trois cents, selon la quantité que vous voulez en avoir, enterrez-les dans du sable, en ayant soin de les laisser dans leurs enveloppes. Par ce moyen simple vous mangerez des noix fraîches pendant une grande partie de l'hiver.

165. OEUFS. (*Moyen de les conserver frais.*) On prolonge l'état frais des œufs en les plongeant, le jour où ils sont pondus, dans un vase rempli d'eau bouillante, et les y laissant environ deux minutes, comme pour les manger à la coque : on les retire et on les met en réserve dans un lieu frais ; et lorsqu'on veut les manger, on les réchauffe dans de l'eau bouillante, et on les y laisse autant de temps qu'ils y ont été la première fois.

Après la première cuisson des œufs, quelques personnes les mettent dans un baril, où elles les couvrent d'un lit de sel.

166. *Autre méthode.* On les conserve également pendant un an et deux, en les mettant dans des pots où l'on verse dessus de la graisse de mouton fondue et qui ne doit pas être trop chaude.

Les œufs du mois d'Octobre sont ceux qui sont les plus propres à garder.

167. OIES, DINDES, CANARDS, etc. (*Manière de les conserver en pot.*) Après avoir coupé la viande en demi-quartiers, on presse en tout sens un morceau contre du sel égrugé comme du gros sable et bien sec, et on place le morceau dans le pot avec le sel qu'il a pu emporter. On continue ainsi morceau par morceau, ayant soin, en les plaçant, de les presser fortement les uns contre les autres et contre les parois du pot, afin de ne laisser de vide que le moins possible. On remplit ainsi le pot jusqu'à quatre travers de doigt. Avant d'y mettre de la graisse, on observe qu'elle ne doit pas être bouillante; on l'y verse peu à peu avec une grosse cuiller de bois, on remplit le pot, on bouche avec un papier ou parchemin.

NB. Les volailles doivent être crues.

168. PÊCHES. (*Moyen de les conserver fraîches.*) Enveloppez vos pêches de filasse de chanvre, plongez-les ainsi dans la cire jaune fondue; vous les en tirerez ensuite. La cire, ayant formé une croûte autour de la filasse, empêchera la communication de l'air extérieur, et vos pêches se conserveront fraîches et saines, pourvu que vous les placiez dans une cave profonde et non humide.

On peut ainsi conserver des prunes, des abricots, etc.

169. PERSIL. (*Manière de le conserver.*) Dans le mois de Septembre on épluche le persil, on le hache bien menu, on le fait sécher à l'ombre, et on le serre dans un endroit sec ; lorsque l'on veut s'en servir, on le fait revenir dans l'eau tiède.

170. PETITS POIS ET HARICOTS en grains verts (Conservation des). Après avoir placé dans une casserole les pois ou haricots, vous y mêlerez par quatre pintes de légume (la pinte pèse seize onces) autant de sucre en poudre qu'en peut contenir une grande cuiller à potage. Mettez ensuite la casserole sur un feu de charbon bien éclairé, ayant l'attention de toujours remuer les légumes, pour qu'ils soient bien également atteints d'une chaleur vive ; après quoi vous retirerez la casserole du feu, et vous laisserez égoutter sur une grosse toile ; ensuite vous les étendrez sur du papier, dans un lieu sec et bien aéré, mais où le soleil ne puisse pénétrer : vous les remuerez de temps en temps.

171. POISSON. (*Manière de le préserver de la corruption.*) Vous lui faites jeter un bouillon dans une petite quantité d'eau et un peu de sel ; vous le laissez dans cette eau deux ou trois jours sans qu'il se corrompe. Si vous voulez le garder plus de trois jours, vous remettrez le vase sur

le feu, en ajoutant encore un peu de sel et une
feuille de laurier. Le poisson peut ainsi soutenir
jusqu'à trois ébullitions : on doit employer pour
cette opération un vase de terre et éviter le fer,
surtout le cuivre.

172. RAISINS. (*Moyen de les conserver.*) Disposez
dans un tonneau bien conditionné un lit de son
desséché au four, et par-dessus un lit de raisins
bien épluchés et cueillis au gros du soleil, avant
la parfaite maturité ; alternez ainsi les lits, jusqu'à ce que votre provision soit faite, en ayant
soin d'éviter que vos raisins se touchent, et que le
son fasse le dernier lit ; puis refermez votre tonneau hermétiquement. Avec ces précautions vous
pouvez conserver du raisin une année : pour lui
rendre sa fraîcheur, on coupe le bout de chaque
grappe, et on le fait tremper, le blanc dans du
vin blanc, le noir dans du vin rouge.

173. VIANDE. (*Moyen de la saler.*) Faire dissoudre dans l'eau autant de salpêtre qu'on emploie de sel, selon la méthode ordinaire, pour
la viande que l'on veut saler. Quand le salpêtre
est dissous, on met dans cette eau la viande qu'on
a dessein de fumer ; on l'y fait cuire lentement
et à petit feu pendant quelques heures, jusqu'à
ce que toute l'eau soit évaporée ; après cela, on
suspend pendant vingt-quatre heures cette viande

bien exposée à la fumée de bois aromatiques; ensuite on la pend.

174. Viande (Conservation, par les matières grasses, de la). On conserve très-bien, pour la marine, des perdrix, cailles, etc., en faisant cuire le gibier que l'on veut conserver, aux trois quarts à la broche (la viande en totalité à la braise); on les arrange dans des pots de grès de manière à laisser le moins de vide qu'il est possible, et on verse sur le tout du saindoux fondu et très-chaud : on couvre exactement lorsque le saindoux est refroidi.

On peut conserver aussi les viandes en les plongeant dans l'huile d'olive, où elles doivent rester. La chair de veau, surtout celle qui est courte, lorsqu'elle a été ainsi conservée, a tout-à-fait la saveur de celle de l'esturgeon.

175. *Autre moyen.* Enveloppez dans un linge la viande ou le gibier que vous voulez conserver, et plongez-les ainsi dans du poussier de charbon de bois; votre viande se gardera trois semaines fraîche, malgré les chaleurs.

176. Viande gatée. (*Moyen de la rétablir.*) Cet article tenant au défaut de soins, et quelquefois à des accidens imprévus, je crois devoir l'insérer dans ce chapitre, où il n'est question

9.

que de la conservation ; car faire revenir est toujours un moyen de conservation.

Mettez votre viande dans un pot, après l'avoir bien lavée et débarrassée des vers, s'il y en a, avec de l'eau ; vous l'écumerez lorsqu'elle bouillera ; ensuite jetez dans votre pot deux ou trois gros charbons bien allumés, et laissez-les y pendant deux ou trois minutes. Si cette opération n'a pas enlevé toute l'odeur, il faut la répéter ; puis ôter votre viande, la laver ou la bien essuyer, la mettre en broche, si c'est un rôti, ou la faire bouillir dans une nouvelle eau. Cette viande infecte et dégoûtante devient bonne et saine ; si on y répugne, on la fait manger aux gens de la ferme.

CHAPITRE V.

Des vins, vinaigres, autres boissons, etc.

177. Boisson ou *Piquette*. Dès que les fruits rouges commencent à donner, on prend un tonneau fraîchement vidé, on y met deux seaux d'eau et deux livres de graines de genièvre, afin que l'eau ne se corrompe pas pendant l'espace de temps nécessaire à recevoir les fruits qui composent cette boisson.

A mesure que l'on mange des cerises et groseilles, on jette par le bondon les noyaux et les queues de ces fruits; on y jette également le marc des groseilles. A mesure qu'il tombe des fruits de toutes espèces, poires, pommes, prunes, etc., on les pile un peu et on les met dans le tonneau, ainsi que toutes les grappes de raisins, toutes les pelures et cœurs de fruits. On peut boire dès le mois d'Août de cette boisson, quand elle a été commencée à bonne heure. Toutes les fois que l'on en tire, il faut avoir soin de remplacer par égale quantité d'eau. Quand le temps des vendanges est venu, on vide presque entièrement le tonneau, on y met les rafles de raisin et on le remplit d'eau, puis on le laisse six semaines sans y toucher. Cette boisson peut se garder un an, si elle n'est point exposée à la gelée.

178. Boisson économique. Prenez trois livres de groseilles rouges et blanches, autant de cassis, autant de petites cerises, queues et noyaux : mettez le tout dans un tonneau et broyez-le avec un bâton. Faites bouillir deux litres ou quatre livres et demie de graines de genièvre dans cinq ou six pintes d'eau (mis dans un vase séparément) ; ajoutez sept livres trois quarts de miel pour aider à la fermentation du genièvre ; puis, quand il aura fermenté, mettez-le avec le fruit. Lorsque vous aurez remué le tout trois ou quatre fois en vingt-quatre heures, vous refoncerez le tonneau et le remplirez d'eau. Vous pouvez compter sur cent cinquante bouteilles de boisson salutaire, qui rapprochera beaucoup du vin si vous voulez y mettre une pinte ou deux d'eau-de-vie.

179. Boisson de fruits ou *Vin de fruits*. Prenez vingt livres de cerises, huit livres de groseilles, six livres de framboises, six livres de mérises (ou autres) et six livres de sucre : ôtez les noyaux des cerises ; écrasez les mérises sur un tamis, pour en séparer aussi les noyaux. Mettez le tout dans une bassine, et faites jeter quelques bouillons ; versez ensuite dans un baril, et

ajoutez cinq litres de vin et deux litres et demi
d'eau-de-vie ; laissez infuser pendant quinze
jours ; passez avec expression ; arrosez le marc
avec un litre de vin ; exprimez de nouveau, et
réunissez ce qui aura coulé avec le reste : quand
le vin sera clair, vous le soutirerez et le mettrez
en bouteilles.

180. BOISSON DE GROSEILLES, *imitant le vin.*
Faites crever la groseille sur le feu, après l'avoir
égrenée, passez avec expression ; ajoutez dix
livres de sucre par cent litres de jus ; laissez
fermenter ; aromatisez avec de l'eau-de-vie fram-
boisée ; puis, passez et mettez en bouteilles.

181. BOISSON FAITE AVEC DES GROSEILLES A
MAQUEREAUX. Mettez dans un tonneau cent quatre-
vingts litres d'eau, vingt-cinq livres de sucre
ou de cassonade grise, et cent livres de groseilles écrasées et frottées sur un tamis jusqu'à
ce qu'il n'y reste plus que la peau et les pe-
pins. Laissez fermenter ; transvasez ensuite. Vous
pouvez vous dispenser d'y ajouter du vin très-
coloré ; mais quelques bouteilles d'eau-de-vie
lui donneront plus de corps. On peut y ajouter
pendant la fermentation un peu de framboises
(une livre au plus), ou deux douzaines d'abricots bien mûrs. Ces fruits lui communiqueront
un arôme fort agréable.

182. Boisson. (*Genévrette.*) **On** fait ainsi cette boisson, qui est pétillante et buvable huit jours après le commencement de sa fermentation.

Prenez quantité égale d'orge et de baies de genièvre; faites bouillir la première pendant un quart d'heure dans l'eau, et jetez-y la seconde aussitôt que vous aurez retiré le chaudron du feu. Versez ensuite le tout dans un tonneau à moitié plein d'eau, que vous boucherez exactement pendant deux ou trois jours, et auquel vous donnerez ensuite de l'air pour favoriser la fermentation. On peut y ajouter de la mélasse ou de la cassonade pour rendre la liqueur plus forte. Les proportions sont, pour une pièce de deux hectolitres, deux boisseaux d'orge, deux boisseaux de genièvre, et huit livres de mélasse.

183. Boisson rafraîchissante. Vous prenez environ deux livres de framboises; vous les mettez infuser dans du bon vinaigre, avec la moitié d'un citron. Vous bouchez hermétiquement le vase. Quand vous voulez vous en servir, vous mettez du sucre dans un verre d'eau avec une cuillerée à café de ce vinaigre. Cette boisson est très-agréable et imite le sirop de vinaigre.

184. Capucines ou *Câpres de ménage.* Prenez la graine de capucine, mais bien avant sa matu-

rité, et les boutons des fleurs avant qu'ils ne soient éclos, et jetez-les dans du fort vinaigre salé et où vous aurez mis de l'estragon. (Cette odeur ne plaisant pas à tout le monde, et les capucines devant entrer dans toutes les sauces piquantes, on peut éviter de mettre de l'estragon.) Vous faites votre cueillette matin et soir : quand vous en avez un petit pot de rempli, vous le destinez à l'usage journalier de la cuisine, et vous vous occupez de la provision de l'année.

185. CIDRE ÉCONOMIQUE. Mettez dans un tonneau qui précédemment a contenu du vin, la quantité de pommes coupées par tranches et séchées au four que vous jugerez convenable : plus il y aura de fruits, moins il y aura d'eau, et par conséquent plus la liqueur sera bonne. Du reste, on est toujours le maître d'ajouter de l'eau : remplissez-en le tonneau aux trois quarts, jetez-y un verre de levain de bière et deux litres de mélasse, et laissez-le en fermentation pendant quelques jours, en ayant soin de le bondonner légèrement avec du papier. En hiver le tonneau doit être placé dans un lieu chaud ; en été les rayons du soleil suffisent.

Lorsque la fermentation vineuse se fait parfaitement sentir, et avant qu'elle ne passe à la fermentation acide, on remplira le tonneau avec de l'eau nouvelle, et on le bondonnera bien, pour le mettre en perce un mois après. Mis en bouteille, ce cidre fait sauter le bouchon.

186. CORNICHONS. (*Manière de les confire.*) Vous choisissez des cornichons bien verts, et non des concombres; vous avez votre vinaigre dans un ou deux pots de grès, et après avoir essuyé fortement avec un linge neuf vos cornichons, vous les jetez dans le vinaigre; vous ajouterez à votre vinaigre de la passe-pierre, de l'estragon, de la pimprenelle, de petits ognons, environ six gousses de piment ou poivre long, pour un pot de six pintes de vinaigre, environ une demi-poignée de graines de capucine, quelques feuilles de roses et deux ou trois poignées de petits haricots verts; vous salez ensuite vos cornichons; enfin, vous fermez votre pot hermétiquement. Un mois après, vos cornichons commenceront à être bons.

Il faut éviter, quand on les prend, de le faire avec les doigts, ni avec aucun instrument de fer. Ayez une cuiller de bois; cela est de rigueur pour tout ce qui est confit au vinaigre.

187. HYDROMEL. (*Manière de le faire.*) Prenez dix livres de miel, vingt-cinq litres d'eau, levure en pâte quatre onces (le miel d'une qualité inférieure est bon). On délaie le miel dans la quantité d'eau prescrite; on ajoute la levure aussi délayée; on met le tout dans un tonneau,

et on laisse fermenter. Lorsque la fermentation est achevée, on transvase l'hydromel dans un tonneau qui ne puisse pas en contenir la totalité, afin de réserver quelques bouteilles, qui serviront à l'ouiller. On met le tonneau à la cave, et on a soin de le remplir d'abord tous les mois, et ensuite tous les deux ou trois mois.

Si, en épurant le miel comme on l'a indiqué à son article, on a soin de le faire bouillir assez pour qu'il ait pris un léger goût de cuit, il aura, au bout d'un an ou dix-huit mois, une saveur qui le rapprochera beaucoup du vin de Madère.

NB. Quand on veut faire de l'hydromel pour la boisson ordinaire, il faut mettre pour cette donnée double quantité d'eau, et faire fermenter avec du sirop de fruit ou de sucre, etc.

188. OGNONS CONFITS AU VINAIGRE. Vous prenez de très-petits ognons : vous les épluchez, en ayant soin, en coupant les racines, de ne point attaquer l'ognon, afin qu'il se tienne entier; vous les jetez dans votre vinaigre quand votre provision est faite; vous les couvrez avec de l'estragon et de la passe-pierre; vous les salez et fermez bien.

Vous les servez sur votre table comme hors-d'œuvre; ils se mangent avec le bœuf.

189. PETIT-PIMENT ou *Poivre long.* Vous le cueillez petit, vert (une quinzaine après qu'il est

noué) ; ôtez-en la queue ; vous le jetez dans votre vinaigre avec une poignée de sel, de l'estragon, de la passe-pierre, deux ou trois gousses d'ail : vous le servez, comme l'ognon, en hors-d'œuvre.

190. Vin (Du collage du). Pour coller une pièce de deux cent cinquante à deux cent soixante bouteilles, on emploie quatre ou cinq blancs d'œufs bien frais, qu'on fouette avec une demi-bouteille de vin (les coquilles brisées des quatre œufs doivent être battues avec). On retire préalablement du tonneau cinq ou six bouteilles de vin ; on ôte la bonde, on introduit un bâton fendu dans le vin, on l'agite violemment en rond, et on verse aussitôt la colle ; puis on introduit le bâton et on agite de nouveau le vin en tout sens pendant une ou deux minutes. On remet le vin qu'on avait tiré ; on frappe le tonneau pour chasser l'air et on le bouche hermétiquement : quatre à cinq jours après cette opération on peut tirer le vin.

191. Vins. (*Remède quand les vins filent ou deviennent gras.*) Lorsque votre vin file, jetez un litre et demi de sel sur votre tas de bouteilles : peu de jours suffisent pour le remettre dans son état naturel.

192. Vins. (*Moyen de les empêcher d'aigrir.*)

Lorsque votre vin commence à prendre un goût d'acide, prenez des noix sèches et mettez-les sur le feu ardent (des charbons). A mesure qu'elles sont bien allumées, vous les jetterez dans le vase qui contient le vin, dans la proportion d'une noix par deux bouteilles ; vous déboucherez le vase, et les y laisserez deux fois vingt - quatre heures avant que d'en boire.

193. VINS (Moyen d'adoucir les). Pour adoucir un vin rude et vert, on met dans le tonneau une pinte d'eau-de-vie et deux livres de miel détrempé dans l'eau-de-vie, après avoir eu le soin de clarifier le miel, ainsi que nous l'avons dit à l'article miel, et de sa clarification.

194. VINS (Moyen pour donner de la force aux). On donne de la force à un vin faible et plat, en agitant bien le liquide par le bondon, avec un bâton fendu, y versant une pinte d'eau-de-vie et le laissant reposer dix jours avant de le boire.

195. VINS (Soufrage des). Pour soufrer les vins qui ont besoin de cette opération, on remplit à moitié un tonneau de vin ; on suspend par le bondon une mèche de coton garnie de soufre, qu'on allume auparavant ; on bouche le tonneau ; et lorsque le soufre est brûlé, on agite le vin

pour qu'il se mêle bien avec la fumée : l'on réitère plusieurs fois cette opération, et l'on finit par remplir de vin le tonneau, qu'on bouche ensuite avec soin.

Le but du soufrage est d'empêcher les vins de passer à l'acide.

196 Vins. (*Moyen de leur ôter leur mauvais goût.*) On les transvase dans une futaille fraîche, où il y ait eu du bon vin ; on fait un gâteau de farine de seigle simplement, ou avec des carottes écrasées et mêlées avec cette farine ; on le fait cuire au four et on l'expose tout chaud sur l'ouverture du bondon : on réitère plusieurs fois cette opération, si le mauvais goût n'a pas disparu à la première.

197. Vins. (*Élixir pour les bonifier.*) Prenez une demi-livre de bonnes cendres gravelées, soit d'Angleterre, de Bourgogne ou d'Orléans ; faites-les bien calciner dans une cuiller de fer ; écrasez-les ensuite et mettez-les dans un vaisseau de terre, avec gros comme une noisette de chaux vive ; sur quoi vous verserez la sixième partie d'une pinte de bon esprit de vin, ou d'eau-de-vie rectifiée. Une heure après vous en tirerez la teinture, soit à la chausse, soit à travers du gros papier gris, et vous boucherez bien le vase où vous mettrez votre élixir. On en met ordinairement

une pinte dans une pièce jauge d'Orléans; mais on prévient qu'on ne doit faire usage de cette liqueur qu'au fur et à mesure qu'on veut consommer le vin : pour cet effet on en met quinze à seize gouttes par bouteille, et deux dans un verre de vin. Cet élixir n'a rien de nuisible à la santé.

198. VINS. (*Autre élixir propre à les bonifier.*) Prenez une livre du meilleur tartre, et du pays le plus accrédité pour la qualité de ses vins; ajoutez-y une livre de miel commun et une livre d'orge; faites d'abord bouillir et fondre le tartre dans huit pintes d'eau de rivière bien claire, jetez alors l'orge dessus; faites-la bouillir jusqu'à ce qu'elle soit crevée; mettez-y le miel, que vous ferez fondre sans l'écumer; passez le tout dans un linge que vous tordrez jusqu'au sec; et jetez cette composition dans une feuillette vide contenant 150 pintes, que vous remplirez de moût sortant du pressoir.

Le vin que vous ferez ainsi aura la même qualité que celui qui aura fourni le tartre, l'expérience l'a prouvé.

199. VINS FACTICES DE BOURRACHE. Pilez une quantité suffisante de pieds de bourrache pour en extraire le jus; jetez-le, sans autre mélange, dans un petit tonneau bien bondé; il y travail-

lera comme le vin, se façonnera parfaitement et donnera une boisson d'un clair-brun qui est très-délicate.

200. VINS COMPOSÉS DE BORDEAUX. Vous exprimez du jus de framboise environ un verre pour une bouteille de vin, vous le mettrez dans un vase ; vous mêlerez avec le jus de framboise du bon vin de Bourgogne ; vous le filtrerez et le mettrez dans des bouteilles de Bordeaux. Vous pouvez le servir sans crainte, parce qu'il sera très-bon et fera illusion aux gourmets.

201. VINS DES DIEUX. Prenez une égale quantité de pommes de reinettes et de citrons, coupez-les par rouelles et mettez-les dans un bassin, en faisant un lit de pommes et un de citrons, puis un lit de sucre en poudre, et continuez ainsi selon la quantité de vin que vous voudrez faire ; mettez de bons vins par-dessus, jusqu'à ce que toutes les rouelles trempent ; couvrez-les ensuite, laissez infuser environ deux heures, et passez la liqueur à la chausse comme l'hypocras.

202. VINS DE LUNEL FACTICES. Pour douze bouteilles de petit vin blanc, prenez quatre livres de raisin muscat ; faites-lui jeter un bouillon sur le feu, afin de pouvoir exprimer les raisins ; ajoutez-y une demi-livre de cassonade,

un demi-setier d'eau-de vie; mêlez le tout ensemble; filtrez et remettez-le en bouteilles. Ce
vin a le goût absolument semblable au Lunel.

203. VINAIGRE POUR LA CONSOMMATION ou *Méthode de convertir tout d'un coup du vin en
vinaigre.* 1.° Jetez dans votre vin du sel pilé avec
du poivre et du levain aigre : l'effet en sera assez
prompt.

2.° Si vous voulez moins attendre, plongez-y
deux fois une tuile ou un morceau d'acier rougi
au feu.

3.° Pour rendre en deux jours le vinaigre
très-fort, on y met des morceaux de pain d'orge.

4.° Si l'on met du bois d'if dans du vin, il
sera bientôt converti en vinaigre.

5.° Prenez tartre, gingembre, poivre long,
en parties égales; enveloppez le tout dans un
sachet, et mettez-le dans du fort vinaigre; puis
ôtez-le et laissez sécher; et quand vous voudrez
faire du vinaigre, mettez ce sachet dans le vin :
vingt-quatre heures après il sera changé en vinaigre.

204. VINAIGRE A L'ESTRAGON. L'estragon bien
épluché, on l'expose quelques jours au soleil,
et on le met ensuite dans un vase rempli de vinaigre. Après quinze jours d'infusion, on sépare
la liqueur du marc, que l'on exprime légèrement,

et l'on clarifie en filtrant soit au coton, au papier gris, ou à la chausse. Ainsi préparé, mettez-le en bouteilles bien bouchées et tenez-le dans un endroit frais.

NB. Dans ce vinaigre, comme dans tous ceux qui sont aromatisés, il est essentiel d'ajouter par livre de liquide une demi-once d'esprit de vin ou du sel marin (de cuisine).

205. VINAIGRE COMPOSÉ POUR LA SALADE, pour tenir lieu de fourniture à la salade pendant l'hiver. Prenez de l'estragon, de la sarriette, de la civette, de l'échalotte et de l'ail, de chacune trois onces; une poignée sommités de menthe, de baume: le tout séché. Mettez le tout dans une cruche avec sept litres quarante-quatre centilitres ou huit pintes de vinaigre blanc; laissez infuser pendant quinze jours au soleil, au bout de ce temps on verse le vinaigre, on exprime le marc, on filtre et on le met en bouteilles bien bouchées.

206. VINAIGRE AROMATIQUE pour la toilette. Vous cueillez les fleurs dont l'odeur vous plaît, dans le temps de leur vigueur, et deux heures après que le soleil les a échauffées. Vous les épluchez et leur faites subir une prompte dessiccation, pour qu'elles perdent l'humidité dont elles sont imprégnées. Vous les mettez dans votre vi-

naigre et les laissez infuser vingt-quatre heures ou trente-six heures au plus. Décantez et filtrez.

207. VINAIGRE. (*Recette pour le faire.*) Ayez un baril contenant trente litres; ce baril doit avoir sur un de ses fonds un trou de dix-huit lignes de diamètre, le plus près possible du jable ou bord; vous placerez le baril de manière que le trou se trouve en haut. Sur le même fond vous poserez une canule de buis à trois pouces de la partie inférieure du jable. Le baril doit être placé dans un endroit chaud.

Ces dispositions étant faites, vous ferez chauffer un ou deux litres de bon vinaigre, et vous les introduirez tout bouillans dans le baril, pour que toute sa surface s'imprègne bien de vinaigre; ensuite vous y verserez cinq litres de vin : vous aurez soin de toujours laisser ouvert le trou du fond qui est en haut. Huit à dix jours après, vous verserez dans le baril cinq autres litres de vin, et vous continuerez ainsi de huit en dix jours, jusqu'à ce que votre baril soit plein aux deux tiers. Alors vous pouvez commencer à tirer du vinaigre, en remettant toujours égale quantité de vin, auquel on ajoutera de temps en temps sa dixième partie d'eau-de-vie.

208. VINAIGRE (Recette pour décolorer le).

Si l'on veut rendre blanc le vinaigre rouge, mettez, par litre de vinaigre, quarante-cinq grammes ou une once et demie de charbon animal (noir d'os), préalablement bien lavé : mêlez bien le tout avec votre vinaigre et agitez-le de temps en temps pendant trois jours ; passez ensuite à la chausse, dans laquelle vous reverserez les premières portions, qui sortent troubles : vous obtiendrez ainsi du vinaigre tout-à-fait blanc.

209. Vinaigre de miel. Voici un autre procédé pour obtenir du vinaigre fort et limpide comme l'eau. Prenez dix livres de miel blanc, que vous délaierez avec cinquante livres d'eau ou vingt-cinq bouteilles ; faites bouillir et écumez. Lorsque le mélange est à moitié froid, ajoutez-y deux onces de levure de bière, ou ce qui vaut mieux, si la saison le permet, deux ou trois livres de jus de groseilles blanches ; versez le tout dans un baril disposé comme ci-dessus (voyez la recette pour faire le vinaigre) ; mais assez grand pour qu'il ne soit rempli qu'aux deux tiers : tenez le baril dans un endroit dont la température soit de douze degrés au moins et de dix-huit au plus ; et abandonnez-le à lui-même pendant deux mois. Ce vinaigre conserve un goût de miel qui, bien qu'il ne soit pas désagréable, pourrait ne pas convenir à tout le monde. Pour le faire passer, il suffit d'y faire infuser quelques

aromates, comme estragon, fleur de sureau, baume, menthe, etc.

210. Vinaigre avec de l'eau-de-vie. Mettez dans votre baril un mélange d'eau-de-vie et d'eau, dans la proportion d'un quart d'eau-de-vie à 21 degrés et trois quarts d'eau, auquel on ajoute une once de levure de bière pour quatre litres d'eau-de-vie, et deux onces (toujours pour quatre litres d'eau-de-vie) de fécule ou farine de pommes de terre dissoute dans l'eau bouillante.

CHAPITRE VI.

Objets divers.

211. ACIER. (*Manière simple de le nettoyer et de lui rendre son éclat.*) Pour rendre à un objet d'acier son premier éclat, il suffit de le frotter avec de la sciure de bois.

212. ACIER et FER. (*Moyen de les préserver de la rouille.*) Faites chauffer votre acier ou fer, de manière qu'on ne puisse le manier sans se brûler; frottez-le de cire blanche vierge ou neuve; ensuite remettez-le au feu pour emboire la cire, et après cela essuyez-le avec un morceau de serge.

213. ARGENTERIE. (*Moyen de la blanchir.*) Pour donner du lustre à des pièces d'argenterie, faites dissoudre de l'alun, et formez-en une forte saumure, que vous écumerez avec soin; mêlez-y du savon et lavez votre argenterie dans cette composition avec un chiffon de linge.

214. ARMES (Moyen de dérouiller les). Frottez les armes avec un linge trempé dans l'huile de tartre, faite par défaillance; on la fait ainsi :

Il faut faire rougir le tartre et calciner au feu;

quand il sera blanc, vous le laisserez refroidir tout-à-fait; et, l'ayant mis dans une vessie de porc, vous le laisserez pendant une nuit dans l'eau ou dans un endroit humide. Ensuite vous mettrez la vessie sous la presse; il en dégouttera cette huile qui a la propriété d'enlever la rouille et de donner le brillant aux armes.

215. BAGUENAUDIER. (*Usage de ses feuilles en guise de tabac.*) Si l'on fume en guise de tabac les feuilles sèches du baguenaudier, elles purgent très-bien le cerveau, et aiguisent singulièrement les sens. (Tiré de la Médecine de Buchan.)

216. BOIS (Manière de rendre incombustible le). Pour rendre le bois d'un parquet incombustible, il ne s'agit que de le faire bouillir dans de l'eau qui contienne des sels incombustibles, tels que du sel marin, du vitriol et de l'alun, mêlés ensemble. Les particules salines qui s'introduisent dans les pores du bois, en recouvrent les parties huileuses, et lui communiquent la vertu de se conserver contre l'action des flammes.

217. BOUCHONS DE LIÉGE (Moyen de rendre imperméables les). Trempez-les deux ou trois fois dans une mixtion de deux tiers de cire vierge et un tiers de suif de bœuf, et placez ensuite le gros bout en bas, sur une pierre ou une plaque

de fér qu'on met dans un four chaud, jusqu'à ce qu'ils soient secs. Ainsi préparés, ces bouchons acquièrent la propriété de ne laisser aucun passage aux parties subtiles des liquides les plus forts et les plus spiritueux. Ces bouchons garantissent parfaitement les vins et ne leur communiquent aucune odeur. On peut les employer avec avantage pour la conservation des fruits et légumes, d'après Appert, comme un excellent moyen de luter les vases.

248. BOUGIES ÉCONOMIQUES (Recette pour faire les). Prenez huit livres de suif, coupé par petits morceaux, que vous ferez fondre dans un chaudron avec deux livres un quart d'eau. Le suif fondu, passez-le avec expression à travers un gros linge et remettez-le dans le chaudron avec la même quantité d'eau, plus une demi-once de salpêtre, autant de sel ammoniac et une once d'alun calciné : faites bouillir le tout jusqu'à ce que votre matière ne forme plus de vessies, et que la surface en soit unie ; retirez le chaudron du feu ; laissez refroidir votre suif, et enlevez avec un couteau les saletés qui seront tombées au fond du gâteau ; ayez ensuite des mèches, moitié fil et moitié coton ; enduisez-les de suif fondu où vous aurez mis un peu de camphre et d'huile de pétrole, et suspendez-les dans les moules. Versez enfin votre matière ; vous aurez

des bougies qui répandront une lumière plus vive et plus égale que les chandelles ordinaires, qui ne couleront point et qui vous feront un double profit.

219. Bougies de marrons d'Inde (Recette pour faire les). Prenez six livres de marrons d'Inde épluchés, une livre d'huile de lin ou d'olive, quatre onces de blanc de baleine; pilez bien exactement les marrons avec le blanc de baleine; jetez-y ensuite l'huile, que vous remuerez jusqu'à ce que le tout soit très-liquide; mettez-le dans une terrine qui ait un petit goulot; prenez des mèches à chandelles, et après les avoir passées à travers du blanc de baleine fondu, introduisez-les dans des moules de verre ou d'étain, si vous voulez les avoir comme des bougies; sinon, servez-vous de moules de fer-blanc, et remplissez-les de matière préparée convenablement. Retirez ensuite les chandelles et faites-les sécher à l'air pendant quelques jours.

220. Briquets oxigénés (Fabrication des). Prenez une once de soufre, une once de muriate suroxigéné de potasse; faites dissoudre ces deux substances en pâte, en les broyant avec une dissolution épaisse de gomme arabique. On trempe dans cette pâte des alumettes fines, faites avec du bois blanc. On met sécher son paquet d'alu-

mettes, en les piquant dans le sable du côté où il n'y a point de mastic. On a un petit flacon fermé avec soin, dans lequel on a mis cinq ou six gouttes d'huile de vitriol ; il faut éviter que l'alumette trempe dedans : le contact seul suffit. Quand l'huile est usée, on la renouvelle.

221. CHANDELLES *ne coulant pas et imitant la bougie.* Faites fondre huit livres de cire blanche dans un vase long et étroit, et ajoutez-y deux livres de suif, le plus pur ; le tout étant bien fondu et bien mêlé, on y plongera des chandelles de huit à la livre, que l'on en retirera au bout de quelques minutes : elles se trouveront couvertes d'une couche de cire d'une ligne d'épaisseur environ. On réitérera, si l'épaisseur n'est pas assez forte ; on suspendra les chandelles par la mèche, afin qu'elles sèchent.

222. CHANDELLES DE SUIF *aussi belles que la bougie.* Quand votre suif sera fondu, purgez-le en y jetant de la chaux vive, que vous laisserez tomber au fond ; et votre suif restera aussi beau que la cire. Vous pourrez aussi mêler une partie de suif avec trois parties de cire, pour faire des bougies qui seront parfaitement belles et aussi bonnes que celles qui sont toutes de cire.

223. CHAUFFAGE ÉCONOMIQUE. Cette chaleur

artificielle m'a fait naître l'idée de l'employer pour bassiner les lits et remplacer les *chaufferettes* et *couvets*, dont tant de personnes font usage.

Voici la manière de produire cette chaleur : ayez une boîte de fer-blanc ou d'étain, de la grandeur et de la forme dont on la jugera convenable, avec un col qui donne entrée à la boîte ; le trou doit être d'un pouce et demi de diamètre et fermé par un couvercle à vis. Quand on veut s'en servir, on trempe trois ou quatre pierres de chaux vive dans l'eau et on les jette dans la boîte, que l'on ferme par le moyen du couvercle. Quelques minutes après, il n'est plus possible d'y tenir la main, tant elle est brûlante. On peut aussi mettre dans la boîte une quantité suffisante de chaux pour rendre bouillante l'eau dont on la remplirait après y avoir mis cette chaux. Par ce moyen on peut, à peu de frais et sans feu, bassiner son lit et se tenir les pieds chauds sans se brûler les cuisses. Cependant la recette que je donne là n'est pas aussi innocente qu'elle le paraîtra à beaucoup de mes lecteurs. La vapeur concentrée peut produire des accidens graves ; et il serait donc possible que la force contenue, se trouvant plus forte que sa barrière, fît rompre en éclats la boîte, et estropiât les personnes qui en feront usage. Pour parer à cet inconvénient, il suffit de faire à la partie supérieure de la boîte un petit trou, qui donnera passage à la vapeur.

224. CHEMINÉES (Moyen d'éteindre le feu dans les). Il faut prendre une poignée de soufre en poudre, la jeter dans le foyer, et fermer en même temps l'ouverture du bas de la cheminée avec une couverture ou un drap, de façon qu'il reste seulement un petit soupirail, pour ménager un courant d'air et entretenir l'embrasement du soufre, qui ne doit être jeté que sur des cendres chaudes. La suie éteinte tombe bientôt par flocons, et l'incendie cesse.

225. *Autre moyen.* Si la cheminée est bonne, on peut hardiment tirer dedans un ou deux coups de fusil chargé à plombs : on verra le feu cesser aussitôt; mais, pour cela, il faut être sûr de la bonté de la cheminée.

226. CHEVEUX, BARBES. (*Moyen de les teindre en noir.*) Cette pommade se compose ainsi : prenez gros comme un œuf de chaux vive; faites-la éteindre dans de l'eau, de manière à ce qu'elle ait la consistance d'une pommade; ajoutez au mélange, pendant qu'il est en fermentation, gros comme une noisette de blanc de céruse pulvérisé; amalgamez bien le tout, et quand vous voudrez vous en servir, appliquez-le sur les cheveux et couvrez-les avec des feuilles de laitue ou plutôt de poirée, et laissez l'appareil pendant deux heures. Lavez ensuite vos cheveux ou votre barbe avec une

éponge; attendez qu'ils soient secs, et passez-y avec le peigne de l'huile d'olive. La pousse des cheveux nécessite le renouvellement de l'opération tous les mois, ou au moins tous les deux mois.

227. *Autre procédé.* Pour teindre les cheveux en noir, faites bouillir pendant une heure, dans un litre d'eau claire, une once de mine de plomb et autant de râclure de bois d'ébène : lavez les cheveux avec cette teinture; plongez-y le peigne dont vous vous servez, et ils deviendront d'un beau noir. Cette couleur sera plus vive et plus éclatante, si vous ajoutez deux drachmes de camphre à ce mélange.

228. CHICORÉE AMÈRE. (*Manière de faire pousser la chicorée ou barbe de capucin.*) Avant les premières gelées on arrache de la chicorée; on coupe les fanes ou feuilles, pour conserver les racines, que l'on réunit en bottes de cinq à six pouces de diamètre. On a un tonneau percé d'une infinité de petits trous, gros comme le tuyau d'une forte plume de dinde. On fait un lit de terre et un lit de racines; on continue autant que l'on a de racines; on le place debout à la cave, dans un endroit sombre : bientôt la chicorée poussera, et, cherchant l'air et le jour, sortira par les trous. On la coupe quand elle a acquis quatre ou cinq pouces de longueur : c'est une

excellente salade, que vous aurez pendant tout l'hiver; au printemps vous pouvez en planter les racines dans votre jardin.

229. CHOU. (*Emploi de son tronc.*) Le tronc, bien épluché, coupé en morceaux, se confit au vinaigre et est très-bon.

230. CIRAGE POUR CHAUSSURE. On prend une demi - once de couperose verte et trois onces de mélasse, qu'on fait fondre dans un demi-litre de fort vinaigre. On mêle exactement le tout, et l'on a un cirage que l'on emploie de la même manière que les cirages anglais.

231. COLLE (Manière de faire la). On fait ainsi la colle forte : faites bouillir très-long-temps, et jusqu'à ce qu'ils deviennent liquides, les pieds, peaux, nerfs et cartilages de bœuf, que vous aurez déjà fait macérer (tremper dans l'eau); passez-les ensuite à travers un tamis ou un gros linge; jetez cette liqueur sur des pierres plates ou dans des moules, et vous aurez la colle forte.

232. COLLE A BOUCHE (Manière de faire la). On fabrique cette colle en faisant fondre, avec un peu d'eau, la plus belle colle de Flandre, et en y ajoutant quatre onces de sucre candi pul-

vérisé et tamisé par livre de colle : on verse le mélange sur une table de marbre ou sur une assiette, et on le divise en tablettes de la dimension que l'on veut.

233. COLLE DE PATE, à l'usage des tisserands, relieurs, colleurs de papiers, etc. Prenez une livre de pommes de terre crues, et après les avoir lavées avec soin, vous les réduirez en pulpe au moyen d'une râpe ordinaire, sans les piler ; ensuite jetez cette pulpe dans deux litres et demi d'eau , et faites bouillir le tout pendant deux minutes en remuant continuellement.

En retirant la colle du feu, vous y ajouterez peu à peu une demi-once d'alun réduit en poudre fine, et vous opérerez le mélange parfait à l'aide d'une cuiller : alors cette colle, qui est belle et transparente, sera propre à être employée.

234. COUSINS, MOUCHERONS (Méthode pour débarrasser une chambre des). Après avoir fermé les fenêtres de la chambre, sans y apporter de lumière, mettez - y, quelques heures avant d'aller vous coucher, une lanterne de verre allumée, dont les vitres seront frottées au-dehors avec du miel ; les cousins viendront tous s'y prendre. On s'en débarrasse encore par le moyen des fumigations.

235. DORURE. (*Moyen de rendre l'éclat à un objet quelconque.*) Prenez de l'urine, faites-y dissoudre du sel amoniac, et faites bouillir dans cette composition la chaîne d'or ou tout autre objet de métal auquel vous voulez rendre son éclat.

236. EAU DE BOTOT *pour les dents* (Manière de faire l'). Prenez un gros d'huile essentielle de menthe, une once anis vert, deux gros girofle, deux gros cannelle, cochenille un demi-gros; faites infuser le tout dans un vase bien bouché, contenant une bouteille de bonne eau-de-vie : exposez la bouteille au soleil pendant huit jours.

237. ENCRE LUISANTE (Recette pour faire l'). On met bouillir un pot de vin avec une demi-livre noix de galle; lorsqu'il est à demi cuit, on y met pour un sou de couperose, qu'on fait calciner sur la pelle chaude : après avoir laissé bouillir le tout ensemble un peu de temps, on le coule, et on a de l'encre bien noire et luisante.

238. ENCRE PERPÉTUELLE (Recette pour faire l'). Prenez une once gomme arabique, couperose demi-once, noix de galle deux onces; mettez le tout dans une bouteille de vin blanc; laissez infuser pendant quinze jours. Ayez soin de recroître avec du vin blanc chaque fois que vous en prenez; remuez la bouteille lorsque vous voulez vous en servir, et laissez-la débouchée.

239. Essence de savon (Manière de faire l'). Faites dissoudre dans un litre d'esprit de vin à 3o degrés douze onces de savon blanc coupé par tranches ; remuez de temps en temps pour faciliter la dissolution ; laissez déposer, décantez ce qui est clair, et conservez-le dans des flacons bouchés ; aromatisez cette essence avec l'essence que vous avez obtenue des fleurs de votre jardin, ou, si vous avez négligé d'en extraire, achetez de l'esprit de citron, de la teinture de benjoin, de vanille, etc.

Quand on veut se servir de cette essence, on en met une demi-cuillerée à café dans un verre avec un peu d'eau ; on fait mousser avec un pinceau, et on se rase.

240. Faïence et Porcelaine (Moyen de rendre moins fragile les). Pour obtenir ce résultat, il suffit de mettre vos faïence et porcelaine dans une lessive de cendres ordinaires, que l'on fera bouillir une heure ou deux. Par ce procédé simple, votre vaisselle acquerra une solidité double de celle qu'elle avait avant.

241. Fourrures. (*Moyen d'augmenter le prix des fourrures et de les mettre à l'abri des insectes.*) Cet art consiste à donner aux poils des animaux un lustre métallique, à ajouter encore au prix des fourrures les plus précieuses, à les mettre à l'abri de la teigne, et à lustrer même le poil des animaux vivans.

Prenez en conséquence une once d'argent fin, à onze deniers, coupez-le en morceaux et faites-le dissoudre dans de l'eau forte ou *acide nitrique*; mettez cette dissolution sur des cendres chaudes jusqu'à ce qu'il se forme une pellicule à la surface, et mettez-la ensuite à la cave pour enlever et recueillir les cristaux, afin de vous en servir au besoin : c'est ce qu'on appelle, *cristaux de lune* ou *d'argent*.

Lorsque vous voudrez lustrer ou brillanter d'une manière durable une fourrure, vous ferez dissoudre une portion de ces cristaux dans de l'eau bien pure, et avec une éponge vous passerez cette dissolution sur le poil, qui, en se séchant, se dorera, s'argentera, et prendra, d'après sa nuance particulière, l'aspect le plus brillant. Cet éclat sera fixe, et mettra pour toujours les fourrures à l'abri des insectes.

Si l'on veut brillanter et lustrer de même un animal vivant, on emploiera également ce moyen; mais on observera que le poil tombant aux mues, l'opération doit aussi se répéter aux mêmes époques.

242. HARENGS ET NOIX (Moyen de rendre la fraîcheur aux). Les harengs doivent rester vingt-quatre heures dans l'eau, que l'on changera; les

noix, quarante-huit heures ; puis mettez, soit les harengs, soit les noix, dans du lait de vache chaud, que vous changerez une fois, et vous les y laisserez vingt-quatre heures. Par ce moyen vous mangerez des harengs aussi frais que s'ils venaient d'être pêchés, et vos noix comme sortant de l'arbre.

243. Huile d'olive (Moyen de faire sans olives l'). Prenez de l'huile de pavot battue à froid ; vous la déposez dans un vase ; vous y joignez la quantité de pommes calvilles blanches dans la proportion de dix à douze pommes pour quatre pots ; vous enterrerez votre vase pendant six semaines environ ; vous la tirerez au clair, vous la mettrez en bouteilles, et vous l'en tirerez comme vous pourrez, parce qu'elle sera figée comme la meilleure huile d'olive.

244. Lait. (*Moyen de l'empêcher de tourner.*) Délayez dans une petite quantité d'eau un peu de carbonate de soude, et mettez cette dissolution dans votre lait.

245. Lustre des étoffes. (*Manière de rétablir le lustre lorsqu'il a été enlevé.*) Le lavage enlève le lustre, et laisse une place terne et désagréable à voir. On le rend, en passant dans l'endroit terni, et dans le sens des poils de l'étoffe,

une brosse humectée d'une eau dans laquelle on a fait fondre un peu de gomme arabique; on applique ensuite sur cet endroit un morceau de papier, et par dessus un morceau de drap et une planche lisse que l'on charge de gros poids, et on laisse sécher.

246. MASTIC. (*Pour raccommoder la porcelaine, le verre, etc.*) Pour raccommoder la porcelaine et le verre, prenez du suc de tithymale mêlé avec la liqueur que distillent les limaçons exposés au soleil. On en enduit les deux morceaux, on les rejoint avec soin, et l'on fait sécher au soleil.

247. *Autre.* Prenez gomme arabique délayée dans de l'esprit de vin; on fait chauffer les morceaux cassés avant de les recoller. Ces deux recettes sont principalement pour la porcelaine, le cristal et le verre. Quant à la faïence, on fait calciner des écailles d'huîtres, on les réduit en poudre impalpable; on fait une colle de cette poudre avec du blanc d'œuf, on en frotte les pièces, et on les réunit. Ces différens mastics résistent à l'eau et au feu.

248. MATELAS (Manière économique de faire les). Que de malheureux couchés sur la paille pour ignorer ce que je vais leur apprendre. Au mois de Septembre, ramassez par un temps sec

de la mousse de bois et de haies, et de préférence la plus longue et la plus douce, que vous
séparerez de ses racines ligneuses; faites-la assez
sécher à l'ombre, afin d'en ôter la terre qui peut
y être encore attachée ; mais pas assez pour la
rendre cassante; mettez-la alors sur des claies
et battez-la légèrement avec des baguettes pour
bien la nettoyer, et coupez en même temps ce
qu'elle aurait de trop dur; faites-en ensuite un
matelas de huit pouces d'épaisseur, de la même
manière que se font ceux de crin, et piquez-le
d'espace en espace ; lorsqu'il s'aplatira trop,
battez-le avec une baguette, et vous le verrez
reprendre sa première épaisseur et devenir aussi
bon, aussi mollet que lorsqu'il était neuf.

249. MÈCHES ÉCONOMIQUES. Prenez des osiers
de bois de saule, formez-en des mèches, après
les avoir dépouillés de leur écorce et les avoir
fait sécher au four; trempez-les dans la cire
chaude, entourez-les de coton très-fin; retrempez-
les une seconde fois, et retrempez le tout avec du
suif de bonne qualité. Ces bougies éclaireront pendant quinze à seize heures sans avoir besoin d'être
mouchées.

250. MOUCHES (Moyen de se préserver des).
Lavez les murailles de votre appartement avec
du jus de citronelle, après l'avoir pilée.

251. *Autre.* Frottez les murs ou la boiserie avec de l'huile de laurier ; elles craignent beaucoup ces odeurs : renouvelez quelquefois cette opération.

252. Pipes d'écume de mer (Moyen de remettre à neuf les). Frottez votre pipe avec de la pierre-ponce pilée bien fin, puis avec de l'os de seiche, réduit également en poudre bien fine, et vous lui rendrez son lustre.

Il y a des personnes qui ne se servent que de blanc d'Espagne bien pilé, et qui nettoient pipe et garniture avec cela.

253. Poissons. (*Manière de faire cuire les poissons et de faire disparaître leurs arêtes.*) Mettez vos poissons, saupoudrés suffisamment de sel et poivre, avec du beurre, etc., dans un vase à sec (point de vin ni eau avec vos poissons). Vous luterez votre vase avec de la colle de farine ; vous le mettrez au four au moment où l'on enfourne le pain ; vous le retirerez avec lui : vos poissons seront délicieux et les arêtes auront disparu.

254. Rats (Moyen simple de détruire les). Ayez une douzaine de rats vivans, pris aux souricières, enfermez-les dans quelque vaisseau, d'où ils ne puissent s'échapper, et laissez-les y ensemble sans aucune nourriture : on verra au

bout de quelques jours qu'ils commenceront à se manger les uns les autres, le plus vigoureux restera le dernier. On le lâchera dans la maison; il sera habitué à manger ses semblables, et il ne cherchera plus d'autre nourriture, et les détruira ainsi jusqu'au dernier.

255. SAVONNETTES (Manière de faire les). Prenez six livres de savon, coupez-le mince, faites-le fondre avec une chopine d'eau dans laquelle vous aurez fait bouillir six citrons coupés par morceaux et passés par un linge avec expression. Le savon étant fondu, retirez-le du feu, mettez-y trois livres d'amidon en poudre, un filet d'essence de citron, ou de telles essences que vous voudrez (et que vous avez pu vous procurer sans frais; si, ainsi qu'on vous l'indique dans cet ouvrage, vous avez obtenu l'essence des fleurs dont le goût vous plaît). Mêlez le tout au savon et pétrissez-le bien. La pâte étant faite, roulez à la main vos savonnettes de la grosseur que vous voudrez, et faites sécher à l'ombre.

256. SON (Utilité du). Si vous voulez rendre votre pain plus abondant, lui donner une qualité préférable à d'autres, faites bouillir du son dans l'eau avec laquelle vous voulez pétrir votre farine.

257. TACHES DE VIN ET DE FRUITS (Moyen de

lever les). Lavez-les avec du lait, et vous les verrez disparaître: mais pour cela il faut qu'elles n'aient point été lavées à l'eau, ni d'une autre manière.

258. TACHES D'ENCRE OU DE FER. (*Moyen de les lever.*) Prenez un fer à repasser le linge; faites-le chauffer, et ayant posé sur ce fer l'endroit de la tache, faites-y dégoutter du suc de citron : la tache disparaîtra sur-le-champ.

259. TACHES DE GRAISSE SUR LE DRAP. (*Procédé pour nettoyer un habit.*) Lorsqu'un drap ou un vêtement en laine colorée est sali par des taches de graisse, et qu'on veut le nettoyer, il faut d'abord le bien battre avec une baguette; quand il a été bien battu, toutes les taches de graisse paraissent recouvertes de poussière : dans cet état on frotte toutes ces taches avec du savon; puis on prend un fiel de bœuf et l'on frotte de nouveau avec une petite quantité de ce fiel toutes les taches qui ont été marquées avec le savon, jusqu'à ce qu'elles soient disparues. Ensuite on y ajoute deux pintes d'eau dans ce qui reste de fiel, et on brosse fortement l'étoffe avec cette eau, en allant toujours à poil couchant du drap. Quand l'étoffe est également brossée et mouillée partout, on la tire bien avec les mains pour qu'il ne se fasse point de faux pli, et on la fait sécher; si c'est un habit,

on le place sur un demi-cerceau. Il est des cas
cependant où l'on peut enlever les taches de graisse
simplement avec la terre à foulon, c'est lorsque
les couleurs sont solides, et que l'on ne veut ni
lustrer ni mouiller l'étoffe entièrement : à cet
effet on frotte la tache à différentes reprises avec
cette terre humide; on laisse sécher et l'on frotte:
l'on ne bat l'habit ensuite que pour le débarrasser
de la terre à foulon.

260. Taches de goudron (Moyen de lever
les). Les taches formées par le goudron sur
les étoffes de laine, s'enlèvent facilement à
l'aide du beurre frais et de la chaleur, en frottant doucement la partie tachée devant le feu;
et lorsque le goudron est dissous, on enlève le
corps graisseux suivant les procédés ordinaires.
Ainsi, par exemple, supposant un habit de drap
bleu d'indigo taché par le goudron, après avoir
ramolli la tache à l'aide du beurre frais, on enlève celui-ci avec de la terre glaise, que l'on
met sécher, en différentes reprises, jusqu'à ce
qu'elle ait absorbé toute la matière graisseuse;
ensuite on lave l'endroit où l'on a travaillé avec
de l'eau tiède, pour enlever les dernières portions
de terre glaise qui auraient pu rester dans le
tissu, et on laisse sécher à moitié; puis on tire
les poils avec la brosse à la manière ordinaire.

261. TONNEAUX (Coulage des). Pour arrêter le coulage des tonneaux, il suffit de frotter violemment avec une poignée d'orties l'endroit d'où s'échappe le fluide.

262. VERNIS propre à appliquer sur les meubles en bois. Faites fondre soixante - quatre grammes de cire blanche, et ajoutez - y cent vingt-huit grammes d'essence de térébenthine; lorsqu'elle est liquéfiée, agitez le tout jusqu'à entier refroidissement : il en résulte une espèce de pommade dont on cire les meubles, et qu'on étend avec les précautions nécessaires pour ce genre d'apprêt. L'essence se dissipe aisément; mais la cire, qui éprouve par son mélange un état de division très - grand, s'étend plus facilement et plus uniformément.

L'essence pénètre bientôt dans les pores du bois; elle en développe la couleur, donne le pied à la cire; et le brillant qui en résulte, est comparable à celui d'un vernis, sans en avoir les inconvéniens.

263. VIANDE. (*Moyen de l'attendrir.*) Attachez votre viande à une branche de figuier et couvrez-la des feuilles de cet arbre; une demi-heure, trois quarts d'heure au plus suffiront pour un gigot ou un aloyau. La volaille et le gibier doivent être plumés et y rester moins, selon leur grosseur.

CHAPITRE VII.

Du jardinage et des moyens à employer pour détruire les insectes mal-faisans.

264. ARBRES (Maladies des). On délivre les arbres des insectes qui les dévorent, en seringuant les grosses branches avec de l'eau bouillante : cette opération doit se faire au moment où les œufs des insectes, échauffés par les premiers rayons du soleil du printemps vont éclore.

265. *Autre maladie.* Si les arbres sont attaqués de la mousse, déchaussez-en le pied, et mettez dans ce creux un demi-boisseau de résidu des cendres dont on a fait les lessives. On est quelquefois obligé de renouveler cette opération.

266. *Autre maladie.* La présence des pucerons indique ordinairement quelque maladie dans l'arbre. Le remède que les Allemands emploient, est excellent : il ne s'agit que d'engraisser l'arbre tout autour avec du fumier de porc.

267. *Autre maladie.* Si l'on dépouille de leur écorce les parties gâtées de l'arbre, et qu'on les enduise de térébenthine à la chaleur du soleil,

on voit d'abord les endroits dépouillés se couvrir d'une espèce de laque qui empêche l'air
d'y pénétrer , et l'arbre prendre bientôt une
nouvelle vigueur.

268. *Autre maladie.* **Si** les arbres sont attaqués de la gomme ou des chancres, on enlève la
partie attaquée de maladie avec un instrument
bien tranchant, et on scarifie le bois jusqu'au
vif; on frotte ensuite la place avec de l'oseille
dont on fait pénétrer le jus dans le bois, et
l'on obtient la guérison radicale d'un mal qui
ne se présentera plus sur le même sujet.

269. Arbres. (*Moyen de les préserver de la
gelée*) Lorsque les arbres à plein vent sont en
fleurs, il faut nouer une corde de paille ou de
crin autour du tronc de l'arbre, un peu au-dessous
des branches inférieures, et diriger l'extrémité de
votre corde dans un baquet plein d'eau ; la gelée
se portera par le conducteur dans l'eau. Il faut
avoir soin de placer le baquet loin du rayon des
branches. La corde doit être fixée solidement dans
le baquet par une grosse pierre.

270. Betteraves. (*Manière dont on les cultive
en Alsace.*) Dans une terre bien amendée, y faire
des raies de sept à huit pouces de distance,
et planter la betterave sur les ados des raies.

Quand elles sont fortes, on déracine la plante, afin de lui donner la facilité de grossir.

271. CAMÉLINE (*Camerine, myagrum sativum*), plante oléagineuse. Elle se plaît dans tous les terrains; cependant son produit est assez considérable pour lui valoir une bonne terre, bien amendée par deux bons labours et régalée à la herse. Il faut mêler sa graine avec le sable, afin de la semer plus également : il faut deux livres de graines par arpent. Ce semis doit être recouvert soit avec des fagots ou avec la herse, et il n'a plus besoin que d'être éclairci dans les endroits où il serait trop épais; car il faut une distance d'environ six pouces d'une plante à l'autre, si l'on veut avoir une bonne récolte. En trois mois la caméline aura pu s'être élevée à deux pieds: aussitôt que l'on voit jaunir ses siliques, qui ne tarderaient pas à s'ouvrir d'elles-mêmes, il faut la cueillir. A mesure qu'on en fait la récolte, on la met en tas et on la porte à la maison, où on la bat au fléau, ainsi que le colza. Les graines, vannées et mises en petits tas au grenier, ne se portent guères au moulin avant six mois; époque à laquelle elles ont atteint toute leur perfection et perdu à peu près l'odeur d'ail qu'elles avaient d'abord. Les graines ne sont bonnes à semer que pendant un an : elles se sèment en Avril. Elle produit de l'huile à brûler plus abondamment que le colza.

272. CHENILLES. (*Moyen d'en préserver les arbres.*) Il faut placer au haut de la tige de l'arbre, dans l'endroit où les branches prennent naissance, une grosse motte d'herbes, que l'on assujettira de manière à ce que l'herbe soit tournée du côté de la terre. Toutes les chenilles qui se trouveront sur l'arbre ne tarderont pas à tomber, et celles qui voudraient monter ne le pourront pas.

273. CHENILLES. (*Moyen éprouvé de les détruire.*) Faites bouillir deux livres de potasse dans deux litres d'eau; lorsque cette lessive sera réduite à moitié, vous la passerez à travers un linge, et vous la laisserez déposer pendant deux ou trois jours; puis vous la tirerez au clair, en y ajoutant six onces d'huile à brûler. Agitez le tout, et vous obtiendrez une espèce d'opiat blanchâtre : quand vous voudrez vous en servir, faites-le chauffer; puis trempez-y un linge mis au bout d'une perche. Tout paquet de chenilles que vous toucherez avec ce linge, sera perdu.

274. CHENILLES. (*Moyen efficace d'en débarrasser les arbres.*) Quand les arbres à fruits se trouvent envahis par les chenilles, non-seulement la récolte de l'année est perdue, mais encore celle de l'année suivante est également nulle ou de peu de valeur : il faut donc, dès qu'on s'aperçoit de leur présence , y apporter remède. Les moyens que nous avons donnés plus haut sont bons, sans doute, mais ne me semblent pas valoir celui-ci :

Faites fondre du soufre , trempez-y des morceaux de vieux linge carrés , larges de cinq à six pouces. On a soin que ce linge soit bien étendu dans le soufre; on le laisse seulement tremper , on le retire aussitôt avec une pince, et on le fait égoutter : on trempe ainsi tous les morceaux. Lorsqu'on veut user de ce procédé, il faut étendre sous l'arbre de gros draps , de manière que la terre soit bien couverte tout autour; on fixe un des morceaux de linge soufrés à l'extrémité d'une perche armée d'un crochet; on n'attache ce linge que par l'extrémité d'un de ses coins pour l'économiser; on allume ensuite l'extrémité pendante du linge, et on promène, en se plaçant toujours sous le vent, la fumée du soufre sur toutes les parties de l'arbre : on voit alors les insectes tomber par milliers sur les draps. On les rassemble avec soin et on les brûle. On est quelquefois forcé de répéter deux ou trois fois de suite cette opération.

En ayant le soin de graisser le pied de votre arbre tout autour à la largeur de quatre ou cinq pouces avec du vieux oing ou toute autre graisse, les chenilles qui sont à terre ne peuvent plus remonter sur l'arbre.

275. Chou-fleur, Cardon, Artichaut. Le premier se sème en Février, en Juin et en Août; le deuxième, en Mai et Juin; le troisième, aussi en Mai et Juin : tous en pleine terre.

276. Choux. (*Moyen de les préserver des chenilles et des pucerons.*) Il suffit de les couvrir de plantes de fougère pour en chasser les chenilles. Quant aux pucerons, répandez sur vos choux, fortement arrosés, de la cendre d'herbes.

277. Couterolle. (*Moyen de la détruire.*) La couterolle est, sans contredit, un des insectes qui font le plus de mal aux jardins. Armée d'une scie en guise de pattes, elle coupe les racines de vos salades et de touts les plançons qu'elle rencontre, et dont elle est très-friande. Vous vous apercevrez promptement de sa présence par la mort de vos plants, qui la veille étaient d'une fraîcheur admirable. En les tirant, ils vous viendront à la main, et vous trouverez la racine coupée. Il vous faudra rechercher avec soin sa demeure; les galeries qu'elle fait à la surface du sol étant en petit ce que sont en grand celles de la taupe, il vous sera aisé de les suivre avec le doigt. Quand vous serez arrivé à son trou, c'est-à-dire dans l'endroit où elle s'enfonce en terre, vous mettez la place à découvert, puis vous faites un petit entonnoir avec une feuille quelconque, dont vous introduirez le bout dans le trou, vous versez dans votre entonnoir, trois ou quatre gouttes d'huile de lampe, et par-dessus de l'eau, pour qu'elle entraîne l'huile au fond du trou : vous retirez votre entonnoir, et un instant après, vous voyez arriver la couterolle qui vient crever à quelques pouces de son trou dans des convulsions épouvantables. Il arrive souvent qu'elle périt avant de pouvoir sortir de son trou : toute huile est un poison actif pour cet insecte.

278. Féve de marais. Quand elle est en pleine fleur, il faut couper la sommité de la plante; par ce moyen on augmente et assure cette récolte. Dès que les fruits ont été mangés en vert, coupez la plante à un pouce de terre, elle repous-sera et vous donnera une seconde récolte pour l'automne.

279. Fourmis. (*Moyen d'en garantir les arbres.*) Délayez de la suie de four dans un verre d'huile de chenevis; appliquez-en une couche autour de la tige de l'arbre, et les fourmis n'y paraîtront plus.

280. *Autre.* Un flocon de laine bien cordée mis autour du pied de l'arbre, en éloigne les fourmis, surtout si on l'imbibe avec un peu d'huile de térébenthine.

281. OEILLETS. (*Procédé pour en avoir de verts.*) Prenez une marcotte, couchez-la dans un cœur de chou arraché de terre, plantez-la ainsi, et vous aurez des œillets verts.

282. PLANTES A METTRE DANS UN POTAGER BIEN ORDONNÉ. Absinthe en bordure ; ail, anis, artichauts, asperges et ache ; baume, basilic, betteraves, blé de Turquie, bonne-dame, bourrache, buglose ; câpres, capucines ordinaires (il y en a deux variétés, la petite fournit davantage), cardes d'artichauts, cardes de poirée, cardou d'Espagne, carottes, céleri (deux espèces), cerfeuil des deux espèces, chicorée de toutes espèces, chicons, choux de toutes espèces, ciboule, citrouilles, cives d'Angleterre, corne de cerf, concombres, cornichons, cresson alénois, échalottes, épinards, estragon, fenouil, féves de marais de deux espèces. framboises, tant rouges que blanches ; groseilles blanches et rouges, cassis, fraises, etc.

Herbes fines en bordure ; thym, marjolaine, lavande, rue, absinthe. hysope, etc., laitues de toutes les espèces ; la passe-pierre, la pimprenelle, en bordure ; romarin, laurier commun, persil, poirée, pois verts de toutes les espèces, poireaux, potirons, pourpier vert et doré, mâche de deux espèces, guimauve, mélisse, angélique, melons ; navets, ognons de deux espèces, oseille deux espèces, panais, passe-musquée, patience, raves, raiponces (salade), picridie (salade), rocambole, roquette, scorsonère ou salsifis, sarriette; sauge en bordure, violettes en bordure.

283. SEMENCES POTAGÈRES (Des). La plupart des graines, pour être semées, doivent être nouvelles, c'est-à-dire de la dernière récolte; mais comme on n'a pas toujours la facilité de s'en procurer, et qu'il est important d'être assuré que la graine lèvera, nous allons indiquer, d'après l'expérience la plus commune, jusqu'à quel âge les graines potagères peuvent être employées avec confiance : si d'ailleurs elles ont été récoltées bonnes et ne se sont point gâtées.

1.º Graines d'anis, bonnes jusqu'à. . 3 ans.
2.º   —   de basilic . . . . 3 —
3.º   —   de betteraves. . . . . . . 2 —
4.º   —   de blé de Turquie . . . 2 —
5.º   —   de bourrache. . . . . . . 2 —
6.º   —   de buglose. . . . . 3 —
7.º   —   de capucine . . . . 3 à 4 —
8.º   —   de cardon. . . . . . . .10 —
9.º   —   de carotte. . . . . 2 —
10.º   —   de céleri. . . . . . . 3 à 4 —
11.º   —   de cerfeuil. . . . . 3 —
12.º   —   de chicon . . . . 3 —
13.º   —   de chicorée . . . . . . .10 —
14.º   —   de choux . . . . .10 —

15.° Graines de ciboule. . . . . 2 ans.
16.° — de citrouille . . . . . . 7 à 8 —
17.° — de concombre . . . . 7 à 8 —
18.° — de coriandre . . . . 2 —
19.° — de corne de cerf . . 2 à 3 —
20.° — de courge . . . . . 7 à 8 —
21.° — de cresson . . . . 2 —
22.° — d'épinard . . . . 3 —
23.° — d'estragon . . . . . 2 à 3 —
24.° — de féves de marais . 2 à 3 —
25.° — de haricots . . . . . . 2 —
26.° — de laitues . . . . . . 3 à 4 —
27.° — de mâches communes. 7 à 8 —
28.° — de mâche d'Italie. . 4 à 5 —
29.° — de melon . . . . . . 7 à 8 —
30.° — de navet. . . . . 2 —
31.° — d'ognon . . . . . . 3 à 4 —
32.° — d'oseille . . . . . . 3 à 4 —
33.° — de panais . . . . 1 —
34.° — de persil. . . . . . . 4 à 5 —
35.° — de pimprenelle. . . . . 3 —
36.° — de poireau. . . . . . 3 à 4 —
37.° — de poirée . . . . . . 8 à 10 —
38.° — de pois . . . . 3 à 4 —
39.° — de poivre long. . . . . 10 —
40.° — de pourpier . . . . 8 à 10 —
41.° — de rave. . . . . 10 —
42.° — de radis. . . . . 10 —
43.° — de roquette . . . . 2 —

44.° Graines de salsifis d'Espagne. . . 2 ans.
45.° — de salsifis commun . . . 1 —
46.° — de sarriette. . . . . 4 à 5 —
47.° — de senevé ou moutarde. . 2 —

284. TAUPES (Destruction des). Au mois de Janvier, si la neige ne couvre point la terre, il est essentiel de visiter les taupières, et de mettre dans le trou cinq ou six noix débarrassées de la coquille et bouillies dans la lessive; les taupes les mangent et périssent; s'il en reste encore quelques-unes, on renouvelle en Février.

285. *Autre moyen.* Des débris de bouteilles ou autres verres, mis dans leurs galeries, sont des moyens excellens pour les détuire.

286. TRAVAIL DES MOIS.

Mois de Janvier. 1.° Tailler toutes sortes d'arbres; 2.° les écheniller et les débarrasser du bois mort et de la mousse; fumer les jardins, si le temps le permet; enfin, faire des couches, ainsi qu'il est expliqué ci-après :

On ne fait les couches qu'avec du grand fumier neuf ou tout au plus mêlé avec du vieux fumier, pourvu qu'il soit sec et point pourri. Il faut du fumier de cheval, de mulet ou d'âne pour les couches, et il ne faut pas qu'il ait servi à l'animal plus de deux fois. Votre fumier choisi, portez-le dans le lieu où vous voulez établir votre couche, et avec une fourche rangez-le de manière à ce que les bouts se trouvent ployés dessous et ne paraissent point. La largeur de votre couche doit avoir quatre pieds. Ce premier lit fait, on en fait un deuxième et un troisième, les battant du dos de sa fourche ou les trépignant, pour les égaliser et voir si la couche est bien unie : cela fait, on continue jusqu'à ce que la couche ait acquis la hauteur et la longueur voulues. Cette hauteur est ordinairement de deux à trois pieds quand on la fait, et elle diminue d'un grand pied quand elle est affaissée. On la charge de sept à huit pouces de bons terreaux ; et pour semer, on attend que la chaleur soit un peu diminuée, ce que l'on reconnaît en plongeant la main dedans.

Mois de Février. Si les gelées le permettent, labourer la terre, semer sur couche (si on en a fait une nouvelle), *basilic, concombres, laitues à couper, romaine, mousseronne, brune, grosse-blonde,* pour Février et Mars ; *chicons verts, rouge panaché, choux frisé, nain et autres,* pour Juin et Juillet ; *melons des Carmes, maraîcher, cantaloups, langeois, etc.,* pour Juillet et Août ; *pourpier, radis, raves,* pour Mars.

En pleine terre, par rayons ou paquets, *fève julienne* et autres, pour Juin ; *pois michaux* et autres, pour Juin et Juillet.

A la volée, *ognons* de toute espèce, pour Août jusqu'au printemps; semer épais l'ognon pour rester petit, être levé en Novembre et replanté en Février, ce qui donne l'ognon de primeur. Semer quelque peu de *persil*.

Mois de Mars. Découvrir un peu les artichauts. — Éclaircir les carottes semées en Septembre. — Repiquer les laitues, chicorées; cardons de Janvier, que vous avez élevés sur votre couche; si vous n'avez point fait de couche, vous sèmerez ces objets vers le milieu de ce mois, en choisissant une belle exposition; ainsi que des choux de toute espèce. — Planter des fraisiers; refaire et tailler vos bordures. — Planter vos porte-graines de panais, poireaux, navets, choux, raiforts, etc., conservés en serre ou en cave. — Laisser sur place des mâches et raiponces pour graines. — Semer en pleine terre, par rayons, *épinards*, pour Avril; à la volée, *arroche*, pour Mars et Avril; *poirée*. — En planches, *ognons* de toute espèce, pour Août et mois suivans; *carotte jaune et rouge*, pour Septembre et suivans; *panais*, pour Septembre; *navet rond*, pour Juin; *navet hâtif*. En paquets ou rayons et planches, *pois de Marly et autres*, pour Juillet; *pois carrés blancs*, pour Juillet et pour sécher; *pois goulus*, pour Juin et Juillet. — Planter les œilletons déchirés et caïeux, ciboule vivace, ciboulette, estragon, oseille ; semer *cerfeuil* et *persil*; semer *des sa-lades*, etc.

Mois d'Avril. Découvrir les artichauts et les œilletonner. — Planter des œilletons d'artichauts, pour l'automne. — Planter en terre les primeurs élevés sur votre couche, tels que le céleri, le chou-fleur et vos laitues. — Semer à la volée, dans les planches de salade, *radis*, *raves*, pour Avril et Mai; *pourpier doré*, pour Mai et Juin, en planche. — Semer en pots, *cardons*, pour Octobre et mois suivans; *potirons*, pour Septembre et mois suivans; *melon blanc*, *giraumont*, pour Octobre et mois suivans.

Semer en planches ou rayons, *betterave*, *carotte jaune courte*, *panais*, pour l'hiver; *persil*, pour un an et plus; *pimprenelle*, pour un an et plus; *poirée*, pour l'été; *salsifis*, pour l'hiver et le carême; *scorsonère*, pour l'année suivante.

Semer en paquets ou rayons, *fèves*, pour Août; *haricots*, pour Juillet; *pois carrés*, pour sécher en vert et garder; *pois goulus*, pour Juillet; *blé de Turquie*, à confire comme cornichons en Juillet et mois suivans.

Mois de Mai. Planter melons semés en Mars dans des pots ; s'il gèle, couvrir d'un peu de litière les artichauts qui marquent.

Arrêter les fèves en fleurs. — Couper ras terre

les plantes de celles qui ont été mangées en vert, afin qu'elles repoussent pour Août et Septembre. — Couper le vieux persil, en réservant des porte-graines. — Réserver des porte-graines de pourpier.

Semer *radis* et *raves* ordinaires, pour Juin ; *pourpier doré* et *vert*, pour Juin et Juillet ; *betteraves*, en terre fraîche, pour l'hiver ; *scorsonères*, en terre fraîche, pour l'année suivante ; *oseille*, à volonté ; *pois carrés*, en paquets ou rayons, pour Juillet et Août ; *pois cul-noir*, en paquets ou rayons, pour purée de carême ; *pois verts d'Angleterre*, en terre forte ; *haricots blancs* et autres couleurs, en terre forte, pour Septembre, mois suivans et hiver ; *concombres*, en paquets de fumier, pour Septembre ; *potirons* en paquets de fumier à récolter en Septembre ou Octobre ; *céleri-rave*, pour replanter en Juin et récolter l'hiver ; *chou-fleur*, pour replanter en terrain frais, et consommer jusqu'en hiver ; *chou pancartier*, pour l'automne et l'hiver, *chicorée sauvage*, au plus tard semée en ce mois, pour l'automne ; *chicorée fine*, jusqu'en Juin ; *chicorée de Meaux*, *scarole*, jusqu'en Août.

Mois de Juin. Arroser le soir. — OEilletonner les artichauts qui ont porté. — Éclaircir l'ognon ; employer les petits ognons arrachés à regarnir les places vides, et garder le reste pour planter en Novembre et Février. — Choisir et marquer les plus beaux choux-fleurs pour porte-graines. — Planter ciboule, poireau et persil pour l'hiver. — Réserver fèves de marais pour semences. — Ôter aux laitues porte-graines les feuilles qui pourrissent. — Couvrir les plants, quand le soleil est très-ardent. — Semer *radis long*, *radis gris*, à la volée, en terrain frais, pour Juin et Juillet; *grosses raves*, en terrain frais, pour Juin et Juillet; *pourpier doré*, pour Juin, Juillet, Août, en différentes places du jardin; *raiponce*; couvrir ce semis de terreau et l'arroser souvent; *pois suisses*, en terrain frais, pour Septembre; *céleri*, *chou à la grosse côte*, pour replanter en Août ou Septembre (la côte de ce chou se mange comme la carde) et consommer l'hiver; *chou-pomme hâtif* ou *cabage* et *chou frisé hâtif*, en terrain frais, qui sera planté en Août et sera mis l'hiver en serre, pour être replanté en Mars, et faire des porte-graines; *chicorée fine*, *grosse frisée*, *scarole*.

Mois de Juillet. Arroser le soir. — Planter les jeunes fraisiers des coulans du printemps. — Arracher les aulx et rocamboles de graines. — Cueillir les haricots suisses, les fèves de marais en vert. — Sécher de la sarriette. — Semer *grosses raves*, *radis longs* et *gris*, en terrain frais, pour Août; *radis noirs*, en terrain frais, pour Août et

Septembre; *chicon rouge*, en terrain chaud et en place, pour Octobre et Novembre, dont les premières gelées le font blanchir; *laitue, passion*, pour l'hiver et le printemps; *pois à longues cosses*, en exposition chaude, pour Septembre et Octobre; du 20 au 30, *ognon blanc hâtif*, en terre forte, pour replanter en Octobre et consommer en Mai et Juin; *pimprenelle, fraisier des mois, fraisier d'Angleterre*; semer ces fraises au couchant sur plante - bande très - meuble, couverte d'un mélange de sable et terreau : on mouillera souvent.

Mois d'Août. Planter des fraisiers. — Mettre des tuiles sous les melons. — Faire sécher de la litière, pour couvrir en Décembre ce que la gelée forte endommage. — Semer vers la fin du mois *ciboule*, en place à la volée, pour l'automne; *cerfeuil*, en place à la volée, pour confire; *mâche*, en place à la volée, pour Novembre et l'hiver; *épinard*, en place, à bonne exposition, à la volée, pour Octobre et Novembre; *navets* de toute espèce, en place à la volée, pour ensabler à couvert en dehors.

Les derniers jours du mois, *pois michaux*, pour Octobre; *poirée*, pour le printemps; *chicorée*, à planter en Septembre et Octobre, pour mettre l'hiver en serre; *persil*, pour le printemps; *salsifis, chicon vert, laitue cocasse d'Italie, coquille-*

passion, qui seront plantés en Octobre, pour être consommés au premier printemps ; *chou-fleur dur* en paquets, à conserver dans la serre ou à l'écurie, pour consommer en Juin ; *chou frisé hâtif*, à repiquer en Octobre, pour planter en Mars et consommer en Mai et Juin ; *chou de Strasbourg*, à repiquer en Octobre, pour planter en Mars et consommer en Septembre et Octobre ; *ognon blanc hâtif*, à planter en Octobre, pour consommer en Mai et Juin, etc.

Mois de Septembre. Arroser le matin. — Mouiller souvent et beaucoup à la fois les artichauts qui marquent. — Ne leur laisser qu'une tête, quand le pied n'est pas très-fort. — Planter fraisier des bois, estragon, chervis, lavande, hysope, thym, cran, topinambour, sauge, romarin.

Couper la poirée et l'oseille vierge, pour en avoir à confire en Octobre. — Couper une partie du persil, pour en avoir des feuilles tendres en hiver. — Laisser l'autre partie du persil sans couper, parce qu'il résiste mieux à la gelée. — Faire sécher les feuilles de persil coupées pour conserver. — Couper les tiges à graines de chervis de l'année, qui n'en donnent de bonnes que la seconde année.

Semer *radis*, seul ou dans les chicorées, pour Octobre et Novembre ; *raves*, seules ou mêlées, pour Octobre et Novembre, *cerfeuil*, pour consommer l'hiver et servir de porte-graines l'année suivante ; *épinard*, pour l'hiver et servir de porte-graines ; *panais*, par rayons, pour les aubiner au printemps et consommer au mois d'Avril, Mai et Juin ; *carottes blanches*, par rayons, pour les aubiner au printemps et consommer en Avril, Mai et Juin ; *pois michaux* en mannequin, à mettre en serre en Novembre ; *mâches*, pour Mars.

Mois d'Octobre. Planter les œilletons d'artichauts pour rapporter le printemps prochain ; les arroser peu. — Planter les ognons blancs, la chicorée et scarole, pour graines au printemps.

Couper le montant des asperges et leur donner un labour léger.

Couper les vieilles tiges et feuilles de l'estragon, des ciboulettes, les terreauter et marquer les places avec des bâtons. — Couper les feuilles des artichauts. (Leurs montans ont dû être brisés dès leur récolte faite.) — Labourer et butter les artichauts. — Traiter les cardons comme les artichauts (ceux que l'on a laissés pour graines). — Couvrir les plantes de litière.

Semer *raves* et *radis* à l'abri, pour Novembre et Décembre ; *mâche*, à la volée, pour Mars ; *épinards*, à la volée, pour Mars et Avril ; *cerfeuil*, à la volée, pour consommer jusqu'au nouveau ; *laitue romaine hâtive*.

Mois de Novembre. Arroser à midi ce qui en a besoin. — Faire tout ce qui est conseillé en Octobre, quand le temps doux a permis de différer, ou quand on n'a pas eu le temps de le faire. Couper les montans d'asperges et les labourer.

Ensabler à couvert les navets, la chicorée sauvage, les cardons, chicons, betteraves, scorsonères, salsifis, les racines de gros persil et la ciboulette, les choux-fleurs, etc. — Lever les pommes de terre. — Porter dans la serre les têtes d'artichauts avec une longue tige, qu'on enfonce dans le sable humide. — Aubiner les choux-pommes à l'air, la tête tournée au nord. —Entrer les caisses ou baquets de choux-fleurs dans des serres où il ne gèle pas. — Semer en pleine terre, *pois michaux,* en terre un peu humide; *pois-baron, pois vert d'Angleterre,* en terre forte; *pois sans parchemin,* en pleine terre et un peu clair.

Mois de Décembre. Charger les artichauts, si le beau temps en Novembre a fait différer ce travail. — Mettre en serre des poireaux. — Fermer le céleri. — Couper l'oseille et la couvrir.

On sème, au hasard de la saison, *fèves de marais,* grosse espèce; *pois suisses* et *pois communs.* en pleine terre, etc.

De quelques plantes étrangères et précieuses, dont la culture est aussi agréable qu'utile.

287. ACACIA (Du faux). Dans le pays où le bois est rare, on devrait semer quelques arpens d'*acacia faux*; il produit à merveille : on peut le couper tous les quatre à cinq ans. Son bois fait d'excellens échalas pour les vignes; et les plus mauvais terrains pourraient être employés à cette plantation.

288. AJONC ou JONC-MARIN. Il est rare que dans une exploitation de quelque étendue il ne se trouve point quelque partie de terrain dont l'âpreté ne mette en défaut et le zèle et l'intelligence du cultivateur. Les frais d'exploitation, les engrais ou les terres dont il faudrait couvrir ces terrains disgraciés de la nature, font qu'on les abandonne et qu'ils sont nuls dans les revenus de la ferme. Je vais indiquer le moyen de faire produire ces terrains, ne fussent-ils que sable ou rocaille : semez dans ces lieux, de quelle nature qu'ils soient, pourvu qu'ils ne soient pas réduits en marais, de l'ajonc ou jonc-marin. Cette plante vient partout. Il se sème en Mars, vingt-quatre livres par hectare ou deux arpens. On en forme des clôtures précieuses, qui ne laissent rien pénétrer dans le lieu qu'elles défendent. Coupé jeune (la deuxième année), avant qu'il ne fleurisse,

14.

ses jeunes pousses battues, hachées ou pilées, sont très-agréables aux bestiaux. Plus fort, il sert à chauffer les fours.

289. ARACHIDE CACAHUATE. Cette plante se sème fin Mars ou Avril (ou plus tôt sous couche). Elle nous vient des climats chauds ; il faut donc lui choisir la meilleure exposition : elle veut une terre légèrement sablonneuse. Poser les semences à la distance de douze à quinze pouces chacune dans un petit enfoncement ; couvrir d'un à deux pouces de terre. Lorsqu'elle a acquis une certaine force, on la butte pour augmenter le produit et fortifier la plante.

L'arachide présente une singularité dans sa manière de fructifier. Dès que le germe est fécondé, il se courbe vers la terre, et y entre pour achever le complément de la formation du fruit. Ainsi c'est dans la terre qu'on va le cueillir.

Utilité. Ses fruits, pressés, produisent une huile aussi délicate que celle d'olive : torréfiés et traités comme le cacao, ils en acquièrent la qualité. Il est bien de faire tremper les semences dans l'eau pendant vingt-quatre heures, pour en hâter la sortie.

290. AUBERGINE ou VIADASE. La semer en Février dans des pots tenus chaudement ; mise en pleine terre en Avril, sous cloches, espacées d'un

pied et demi l'une de l'autre; les tenir fraîches, et les biner souvent. Son fruit, long et rouge, se mange farci comme le concombre.

291. IRIS-CAFÉ. (*De sa culture et de sa propriété.*) Elle aime les parties humides et marécageuses; ses graines, rôties et préparées comme le café, mêlées avec lui par moitié, n'en altèrent ni le goût ni le parfum.

292. JULIENNE (De la), *plante oléagineuse.* La culture de la julienne est beaucoup plus avantageuse que celle du colza. Il faut lui donner un bon terrain; elle préfère ceux peu profonds et même marneux; elle n'exige pas une terre fumée; le moindre labour lui suffit : une fois semée, il ne faut plus s'inquiéter d'elle, sinon de la faire herber (sarcler). Elle se propage elle-même de graines échappées à la récolte et par des éclats de ses pieds que l'on repique. Il faut la semer clair et à la volée dans les premiers jours d'Octobre, la peu recouvrir; les fleurs ne paraîtront que la deuxième année, au mois de Juin. Cette plante peut rester dans le même terrain neuf ou dix ans. Quand on veut la renouveler, on tire des vieux pieds des boutures que l'on plante ailleurs.

La seule culture qu'exige cette plante, c'est de lui donner, au commencement du printemps, un sarclage qui la débarrasse des herbes, et de remplacer les pieds qui auraient péri : elle veut être semée plus claire que le pavot; il faut la tenir à sept ou huit pouces de distance.

De toutes les plantes qui donnent de l'huile, elle est celle qui en produit le plus abondamment; elle ne craint point les hivers : le goût âcre de toutes les parties de cette plante en éloigne les insectes.

NB. On sent que si on destinait un terrain à porter pendant neuf ou dix ans cette plante épuisante, comme toutes celles de son genre, il serait de la dernière urgence de donner à la terre au moins trois bonnes fumures dans l'espace des neuf ans.

293. LIN DE SIBÉRIE. Bien que cette plante ne soit pas plante de jardin, et ne tienne rang parmi celles qui devraient enrichir notre belle patrie, je n'en parle que pour donner l'idée, après l'avoir vue prospérer en petit, de l'essayer plus en grand.

On peut le semer en Mars ou Avril, même en automne; la terre qui lui convient est une terre légère, plutôt humide que sèche; il n'exige point qu'elle soit aussi substantielle et aussi fumée que pour le chanvre et le lin ordinaire. Il suffit que le terrain soit bien divisé, parce que, la graine étant encore plus menue que celle du lin commun, elle n'aurait pas la force de soulever la terre : on voit par conséquent qu'il ne faut pas trop l'enterrer. Cela fait, ce lin n'exige pas d'autres soins que d'être sarclé au besoin, jusqu'au mois de Septembre, qu'il donne sa première récolte. Sa racine étant vivace, il faut le couper au lieu de l'arracher : les années suivantes on le coupe au mois d'Août.

La première année n'est pas la meilleure, mais les années suivantes ont bientôt dédommagé de l'attente. Son avantage sur tous nos lins est immense : 1.º il ne craint point les froids les plus rigoureux ; 2.º il n'exige point un aussi bon terrain ; 3.º sa grandeur est au moins double du nôtre ; 4.º il est moins sensible à la sécheresse, parce que son accroissement se fait en Mars et Avril ; 5.º enfin, sa racine étant vivace, on n'a pas besoin de cultiver son champ tous les ans. Il n'a contre lui, pour tous ces avantages, que d'être un peu moins fin.

Il convient mieux de le semer en automne : le fumier de vache bien consommé et répandu sur la surface du sol contribue à sa belle végétation. La graine se sème clair et, si on le peut, en rigole ; afin de donner la facilité de sarcler les herbes. On coupe les tiges tout près de terre dès qu'elles commencent à jaunir, et l'on en forme de petits paquets, que l'on prépare comme ceux du lin commun, avec la précaution de les mouiller légèrement, parce qu'elles sont plus dures. Quand on veut recueillir la graine, on conserve les plus belles tiges jusqu'à ce qu'elles soient en maturité parfaite : cette plante ne donne que trois récoltes (attendre la deuxième année pour avoir la graine dans toute sa force).

294. PASTÈQUE. Il se traite comme le melon : quand il a atteint trois ou quatre pouces de hauteur, on retranche la tête pour lui faire jeter des bras, et on le laisse aller à sa guise. On reconnaît que son fruit est mûr, quand, après avoir frappé dessus avec le doigt, il rend un bruit sec et creux.

Ce fruit se mange comme le melon (sans poivre ni sel); il est très-sucré, rempli d'une eau très-fraîche, et malgré cela n'est pas du goût de tous.

295. PATATE. Elle se sème vers la mi-Avril (sous couche en Février). Cette plante nous vient des pays chauds, et demande beaucoup de soins pour réussir dans nos climats : il faut la faire lever dans des petits pots, une dans chaque, sous couche, ou au moins les pots mis dans du fumier, ou dans un lieu où l'on fait du feu. Quand la plante a acquis huit à dix pouces de hauteur, elle est propre à être transplantée en plein champ. Il faut dépouiller la plante de toutes

ses feuilles, hors celles du bout; cela fait, on la transporte dans une planche de quatre pieds de large, labourée à dix-huit pouces, où on la place au milieu en ligne droite, longitudinale, à deux pieds de distance l'une de l'autre, presque horizontalement, de manière que le bouquet de feuilles laissées soit hors de terre. On fait et remplit ainsi de chaque côté une ligne parallèle, de sorte que la plantation soit en échiquier, et chaque fois que l'on plante on arrose, si le temps est sec. De ce moment à celui de la récolte, qui se fait vers la mi-Octobre, les patates demandent pour tous soins d'être débarrassées des mauvaises herbes, et dans les sécheresses extrèmes, d'être arrosées, mais amplement et tellement que la terre soit bien imbibée : ainsi plantées et soignées, même dans les plus mauvais terrains, les tranches peuvent donner chacune deux livres de racines.

Il faut les récolter avec soin et éviter de les blesser : on les soulève doucement de terre, attendu que la moindre égratignure les dispose à se gâter, comme la moindre atteinte du froid ou de l'humidité les porte à une dissolution rapide : ce dont on est averti par une odeur de rose très-suave qu'elles exhalent alors : alors aussi doit-on se hâter de les consommer.

Pour les conserver, il faut les mettre dans une caisse ou futaille, on les y place de manière qu'elles ne se touchent point, et lit par lit avec du sable fin qui a passé au four, et qui doit encore faire la première et la dernière couche : le tout placé dans un lieu sec et à l'abri de la gelée.

Je confesse que bien que j'en aie vu chez M. Faujas, administrateur au jardin des plantes, à sa campagne à Saint-Fond dans le Dauphiné, je n'en ai jamais mangé. M. Faujas de Saint-Fond m'a dit qu'on les traitait chez lui, quant à l'apprêt, comme les pommes de terre ; mais qu'elles étaient bien meilleures. Essayons à toute sauce, puis nous jugerons.

296. PICRIDIE CULTIVÉE. Salade qui se coupe verte et jeune comme la chicorée amère, et qui est très-bonne, elle se sème en planche à la volée ou en rayons, veut une terre meuble, et aime à être tenue fraîchement.

297. POIS-CAFÉ. Ce pois se sème en Mars ; il ne craint point le froid ; il se plaît dans tous les terrains : il ne rame point. Sa feuille ressemble à celle du trèfle ; sa fleur est d'un rouge-foncé taché de noir, ressemblant à la pensée. Sa cosse est quadrangulaire ; sa grosseur et sa grandeur dépendent du terrain.

Sa cosse, prise jeune, est bonne à manger, ainsi que la semence qu'elle renferme ; mais si on tarde à la cueillir, elle est dure et ne vaut rien.

Lorsque ce pois est mûr, ce qui arrive en

Septembre, on arrache la plante et on la met sécher au soleil. Il faut, autant que possible, éviter de lui laisser prendre l'humidité. Lorsqu'on retire le pois de sa cosse, il faut le mettre au-dessus des fours ou dans des endroits bien secs, cela lui donne plus de saveur; il suera moins dans la poêle quand on le torréfiera, et conservera plus son goût de café.

Ce pois, gardé deux ans, brûlé avec soin, a toute la couleur et le goût du café : à la vérité, si dans une quantité d'eau déterminée vous mettez trois ou quatre cuillerées de café, vous en devez mettre six, même sept, de poudre de vos pois. Une bonne ménagère doit le cultiver.

298. POIVRE LONG ou PIMENT. Il y en a de deux espèces, le long et le rond. Il se sème sur couches, ou dans des pots ou caisses, et se transplante dès qu'il a atteint quatre ou cinq pouces de hauteur. Sa culture est la même que celle de l'aubergine. Ses fruits, cueillis jeunes, se confisent au vinaigre; mûrs ils se font sécher au four et se réduisent en un poivre qui, dans une maison économique, peut remplacer le poivre qui nous vient des îles.

299. SOUCHET COMESTIBLE (*Cyperus esculentus*). Labourer et ameublir la terre au mois de Février, y faire des fosses d'un demi-pied de

profondeur, y répandre les tubercules, qu'on aura auparavant fait gonfler dans l'eau. On arrache la plante au mois d'Octobre, et on trouve les fruits aux racines comme à la pomme de terre. Ces fruits se mangent et peuvent donner de l'huile.

CHAPITRE VIII.

De la Chasse.

Je sortirais des bornes que je me suis prescrites, si dans cet ouvage je donnais la description des diverses chasses qui se pratiquent, aux
filets, aux lacets, aux piéges, aux appeaux, etc.
Je renvoie les amateurs de la chasse, ceux pour
qui ce plaisir est l'unique passe - temps, à l'Avi-
ceptologie française, par Bulliard : on trouvera
dans cet ouvrage tout ce que peut désirer un
amateur.

Quant à moi, je me bornerai à donner la
description de quelques chasses qui peuvent suffire
à récréer l'homme qui pense plus à ses affaires
qu'à ses plaisirs.

300. ALOUETTES. (*De leur chasse.*) L'alouette
est un excellent manger dès que les froids arrivent, qui mérite de figurer sur nos tables ; je vais
donner la manière de s'en procurer.

Une des manières les plus agréables de chasser
cet oiseau est, sans contredit, celle qui se fait
en Octobre et Novembre au miroir, soit au fusil,
soit au filet. Les miroirs d'alouetttes sont trop
connus pour en donner la description ici ; je

dois prévenir mon lecteur que depuis quelques années on a beaucoup perfectionné ces miroirs, et qu'il y en a maintenant qui se montent comme une horloge et qui vont tout seuls pendant assez long-temps. Ces miroirs, remplaçant la personne qui jadis était chargée de tirer la corde et de mettre en mouvement les anciens miroirs, semblent mériter la préférence.

L'avidité, le désir dévorant qu'éprouvent les alouettes de se mirer, sont surprenans, et pourraient devenir le sujet d'une longue dissertation, que nous n'entamerons point. n'étant nullement de notre compétence. L'essentiel pour le chasseur est qu'elles accourent, et qu'on puisse les prendre au filet ou les tuer au fusil : dans les deux cas il faut être sur le terrain dès le lever du soleil ; il faut choisir une belle matinée avec un ciel dégagé de nuages.

Si vous chassez au filet, vous l'étendez entre une terre non ensemencée et une portant du blé, si faire se peut ; votre miroir doit être établi entre vos deux nappes. Pour cette chasse il serait bien d'avoir deux alouettes que l'on fait voltiger, pour engager les autres à se poser. Le chasseur doit avoir le dos au vent : il faut donc tendre en conséquence. Vous avez avec vous un enfant qui bat les terres environnantes et fait lever les alouettes : le miroir doit aller sans cesse.

Si vous faites cette chasse au fusil, il serait

à désirer que l'on fût plusieurs tireurs ; car si elles donnent bien, il est impossible qu'un seul puisse suffire. Ce qui est essentiel à observer à cette chasse, c'est de ne point bouger de sa place, et de bien se garder d'aller ramasser les alouettes au fur et à mesure qu'elles tombent : 1.° on perdrait un temps précieux ; 2.° votre vue et vos démarches détourneraient les *mireuses*.

301. CANARD (Chasse du). Il en est beaucoup de chasses ; je n'en citerai que quelques-unes.

La première se fait au fusil dans les étangs, marais et le long des rivières, soit en plein jour, soit le soir ou le grand matin avant le jour, ce qu'on appelle aller à l'affût.

La deuxième est aussi curieuse qu'amusante : elle se fait au réverbère pendant une nuit sombre. Si vous chassez dans un étang, vous avez piqué pendant le jour une perche, à laquelle vous suspendez un chaudron bien clair ; vous l'arrangerez de manière que la lumière d'une lanterne ou lampe, armée de deux ou trois mèches, donne au milieu du chaudron, et que le reflet porte dans l'étang (à la portée du fusil). Aussitôt vous entendrez crier les canards, voltiger et se rapprocher de cette clarté, qu'ils prennent sans doute pour la réflexion du soleil ; quand ils sont réunis, vous tirez dessus et éteignez vite votre lumière, pour aller recommencer plus loin ; les canards reviendront avec le même empressement.

Si cette chasse se faisait le long d'une rivière, il faudrait être à deux, dont l'un porterait le chaudron pendu au cou. Il faudra dans ce cas, comme dans le précédent, éteindre la lumière dès qu'on aura tiré.

302. *Autre chasse aux canards.* (Cette chasse se fait depuis la fin d'Octobre jusqu'à la fin du passage des canards.) Dans les contrées où le passage des canards est considérable, tels que le lac ou marais près de Saint-Valéry en Bresse, dans le département de la Loire, etc., il est une chasse qui ne peut manquer d'être fructueuse, c'est de poser des hameçons garnis de tripailles ou ventrailles de volaille dans les lieux où ils se plaisent le plus. Chaque hameçon doit être retenu à un piquet par une ficelle de deux pieds et demi environ, et ils doivent être tendus à sept ou huit pas des bords, selon les localités. Il faut éviter de les mettre en eau profonde, le canard s'approchant des bords, la nuit, pour trouver dans la vase des grenouilles, des vers, etc.

303. CORBEAU (Chasse du). Hachez du foie ou du poumon de bœuf; mêlez ce hachis avec de la poudre de noix vomique: formez-en de petites boulettes de la grosseur d'une noisette et jetez-en dans les blés, que ces oiseaux dévorent pendant

l'hiver; vous en détruirez beaucoup. Prenez bien garde que vos chiens n'en mangent; ils périraient empoisonnés.

304. CORNEILLE (Chasse de la). Faites des cornets avec du papier un peu fort; vous y mettrez au fond telle viande que vous voudrez et les piquerez dans les lieux que fréquentent ces oiseaux. L'embouchure de vos cornets doit être engluée : l'oiseau, en voulant prendre la viande, plongera la tête dans le cornet, et en se relevant il emportera le cornet, dont il se trouvera coiffé.

305. GEAI (Chasse du). On trouve dans l'Encyclopédie domestique la description d'une chasse aux geais qui doit être plaisante, si toutefois elle est vraie : je vais la donner comme je l'ai lue, sans la garantir.

Prenez un geai privé; allez dans un endroit où vous savez qu'il y en a; mettez-le à la renverse, et fixez-le ainsi sur le terrain avec deux fourchettes de bois qui entreront avant et solidement en terre, et qui se tiendront par le haut des ailes. Ce pauvre patient, après avoir fait de vains efforts pour se débarrasser, ne tardera pas à pousser des cris lamentables et à appeler à son secours tous les siens (vous serez bien caché, mais à portée de voir votre oiseau), qui en effet ne tarderont pas à arriver de branches en bran-

ches, pour voir le malheureux. Bientôt ils saute-
ront à terre pour voir de plus près, pour délivrer
leur camarade; ils iront jusqu'à le toucher. Alors
le captif les saisira avec les griffes et ne les
lâchera plus : vous accourez et prenez ce nouveau venu; puis allez vous remettre à votre place,
et vous en prendrez ainsi plusieurs.

306. Lapins (Chasse aux). Pour en tuer un
bon nombre, on va dans une garenne dans l'obscurité de la nuit avec une lanterne, que l'on
pose à terre; les lapins, trompés par ce jour
factice, y accourent, et on les tire au fusil.

307. Oiseaux. (*Pour les enivrer et les prendre.*)
Prenez lie de vin, du jus de ciguë; détrempez-
les l'un avec l'autre; faites tremper du froment
ou du millet pendant une nuit, et mettez-le pour
appât.

308. Perdrix (Chasse aux). On les prend aux
filets (dits tirasses) et aux lacets; les paysans
et les braconniers en détruisent ainsi beaucoup,
pendant l'automne et l'hiver. Je ne parlerai
point de ces deux chasses. Quant à celle qui
se fait loyalement au fusil, elle commence le
1.er Septembre, et finit ordinairement le 1.er Mars.
Dans beaucoup de pays cette chasse devrait finir
plus tôt, puisque dans tous les départemens mé-

ridionaux elles sont déjà en amour et appareillées dès le commencement de Novembre; et comptant ne tuer que les mâles, il n'arrive que trop souvent que l'on tue la femelle.

Quand, en hiver, on veut tuer des mâles en toute assurance, il faut avoir une femelle de perdrix, appelée chanterelle (élevée dans une cage en planches, excepté le dessus, qui doit être en drap vert. Il doit y avoir au milieu de cette cage seulement deux à trois barreaux, pour lui donner du jour et lui permettre de passer la tête pour prendre sa nourriture, qu'on lui donne en dehors. Il doit y avoir du sable dans la cage). Quand arrive l'instant de l'accouplement, ce qui varie selon les localités, on porte sa cage dans un champ, de grand matin et au soleil levant; elle appelle aussitôt, et les mâles accourent: on les tire au fusil. De cette manière on ne nuit point à la nichée future, puisqu'un seul mâle suffit à plusieurs femelles et qu'ils ne couvent point.

309. PROCÉDÉ POUR RENDRE LES CHAUSSURES IMPERMÉABLES. Cet article étant précieux pour les chasseurs aux marais, et même pour les pêcheurs j'ai pensé que cette petite recette devait trouver place à la suite de ce chapitre.

Exigez de votre cordonnier qu'il vous apporte la chaussure avant que la seconde semelle y soit attachée; dans ce cas on est assuré que l'ouvrier aura soin de coudre la repointe à petits points bien serrés.

Pour rendre ensuite le soulier imperméable, faites fondre dans un pot de terre vernissé, que vous placerez près du feu, une quantité quelconque de bon goudron; ajoutez-y un peu de gomme élastique coupée en lames bien minces, et préalablement ramollie au-dessus de la vapeur d'eau chaude; remuez le mélange pour faciliter et opérer la dissolution; passez cette composition encore chaude avec un pinceau sur la trépointe ou la première semelle, en la tenant près du feu; enduisez-en d'abord la couture, ayant soin de laisser un petit espace non recouvert le long du bord, puis toute la surface, et répétez cette opération jusqu'à ce que la couche ait acquis l'épaisseur de deux cartes à jouer. Faites sécher et rendez ensuite la chaussure au cordonnier pour qu'il y attache la seconde semelle.

310. *Autre procédé.* Prenez du suif, une demi-livre; graisse de porc, quatre onces; térébenthine, deux onces; cire jaune nouvelle, deux onces. Faites fondre le tout ensemble et mêlez-le bien.

La veille de la chasse, on aura soin que les bottes n'aient aucune humidité; on les chauffera doucement à un feu clair, et lorsqu'elles seront échauffées, on les oindra, avec la main, de cette composition chauffée au point d'en endurer la chaleur; on leur en donnera en les maniant et remaniant à plusieurs reprises, et autant que le cuir en pourra boire. Le lendemain, en les mettant, les bottes pourront paraître un peu roides ; mais, un moment après, la chaleur de la jambe leur rendra leur souplesse. Avec des bottes ainsi préparées, on peut chasser des journées entières dans les marais, sans redouter l'eau ni l'humidité, et l'on est sûr de rentrer chez soi les pieds secs.

CHAPITRE IX.

De la Pêche.

Il y a deux espèces de pêches : celle à la ligne, qui demande une patience peu commune ; et qui certes ne saurait convenir à tout le monde, et celle aux filets, qui est aussi amusante que lucrative, et qui doit compter parmi les délassemens dont a si besoin l'homme laborieux, qui, à la tête de l'exploitation de son bien, en suit tous les travaux.

Je renvoie, pour ce qui concerne la confection des lignes, la forme et la grosseur des hains et la manière de pêcher, à la Pisceptologie ou l'art de la pêche à la ligne et aux filets, où l'amateur trouvera tout ce qu'il peut désirer en ce genre. Je me bornerai, pour ne point sortir des limites que je me suis prescrites, à donner ici la composition de quelques appâts qui peuvent servir dans les deux sortes de pêche, et d'indiquer quelques pêches faites au filet.

311. APPATS (Composition d').

Premier appât. Hachez bien menu, ou pilez dans un mortier de la chair de héron ; entonnez cette chair dans une bouteille à large col,

que vous boucherez exactement, et que vous
tiendrez pendant quinze jours ou trois semaines
dans un lieu chaud. La chair, en pourrissant,
se réduit en une substance qui approche de
l'huile, que vous mêlez avec un tourteau de chenevis ou de la mie de pain, du miel et un peu
de musc.

Deuxième appât. Faites hacher bien menu
de la chair de lapin ou de chat ; pilez-la dans un
mortier avec de la farine de féves ou autres ;
ajoutez-y du sucre ou du miel, et, en le pétrissant
bien dans tous les sens, mêlez-y un peu de laine
blanche hachée, ce qu'il en faut pour former des
boules assez solides pour tenir à vos hameçons.

Troisième appât, pour toutes sortes de poissons.
Prenez une ou deux poignées de froment ; faites-
le bouillir dans du lait, jusqu'à ce que ce grain
soit bien attendri ; alors vous le fricasserez à petit
feu avec du miel et un peu de safran délayé dans
du lait. Vous vous servirez de ce grain pour
amorcer de petits hains et pour appât de fond.

Quatrième appât. Mettez sur une planche du
sang de mouton, jusqu'à ce qu'il soit à demi
desséché ; et quand il sera assez durci, coupez-le
par morceaux d'une grandeur proportionnée à
celle du hain. On peut y mettre un peu de sel,

qui empêche l'appât de se noircir : ce qui le rend meilleur.

Cinquième appât. Des féves bouillies, jetées la veille dans un lieu où l'on veut attirer la carpe, sont un excellent appât de fond.

Il est essentiel de dire ici un mot sur le placement du hain dans l'eau : quand il fait chaud, on doit tenir l'hameçon vers la surface ou à la moitié de la profondeur de l'eau; mais durant le froid, il faut le tenir près du fond. Quand le poisson a mordu, gardez-vous de tirer aussitôt, laissez-lui le temps d'avaler et de bien s'enferrer; alors vous l'enlevez.

312. BROCHET (Pêche du). Cet article devrait être intitulé chasse du brochet, et figurer à cet article : nous avons cru bien faire, pour simplifier les recherches, de le mettre ici à la suite.

Exposez, un jour serein et de beau soleil, un miroir à cet astre de manière que la réflexion aille où l'on pense qu'il y a du brochet; s'il y en a, ils ne tarderont guère à venir à la lumière, et de se présenter entre deux eaux : ce qui rend facile à les tirer au fusil.

Dès qu'ils sont touchés, on les voit se débattre et venir sur l'eau, d'où on les retire avec une truble ou filoche.

313. ÉCREVISSES (Pêche des). Elles se pêchent de diverses façons ; 1.° à la main, en furetant sous les crones, dans les trous et sous les pierres.

2.° Prenez des tripailles de volaille ou toute autre viande, pourvu qu'elle commence à se corrompre. Enveloppez votre appât dans un buisson bien touffu, que vous aurez attaché avec une corde par le milieu. Mettez-le le soir dans un lieu où il y a des écrevisses, et le lendemain de grand matin vous le tirerez chargé.

3.° Mettez une morue salée dans un filet ; elles y accourront. Quelques pêcheurs se servent d'un vieux sac qui a tenu du sel.

4.° On les pêche encore à la balance : c'est un petit filet rond mis autour d'un gros fil de fer ou d'un petit cercle en fer. Trois cordes, formant le triangle, tiennent au fil de fer, et sont attachées toutes les trois ensemble au bout d'une petite perche. Au milieu du filet est une petite ficelle pour attacher l'appât : quand on retire il faut que le filet ait un pouce et demi de profondeur, s'il en avait davantage, l'écrevisse, en tirant l'appât, pourrait sortir de la circonférence du cercle ; ce qu'il faut éviter. On glisse ces balances près des trous à écrevisses. Cette pêche commence une demi-heure avant le coucher du soleil et finit quand on veut. Il faut avoir cinq ou six balances, placées de distance en distance, et on les lèvera tous les quarts d'heure; plutôt, si elles donnent abondamment.

On trouve parfois, et dans certains momens du mois, des pierres dans l'écrevisse, que l'on nomme vulgairement yeux d'écrevisse; il faut les recueillir avec soin; ils sont très-utiles, dans divers cas, en médecine. (Voyez Empoisonnement.)

314. GRENOUILLE (Pêche de la) Cette pêche se fait de plusieurs manières, ainsi que nous allons le dire; et toutes sont amusantes.

Il y a deux espèces de grenouilles; la grenouille qui reste toujours à l'eau, et celle qui y reste peu et fréquente les guérets, où elle va s'engraisser. Plusieurs personnes préfèrent celles qui ne quittent point nos étangs et nos fossés : elles ont tort; elles ne sont jamais ni si grosses ni si grasses que celles qui courent la campagne. J'ai long-temps habité l'Alsace, où l'on mange dix fois plus de grenouilles prises dans les champs que des autres. Enfin, l'une et l'autre espèces sont bonnes et saines.

La grenouille d'étang et de marais est vorace; elle se jette sur ce qu'on lui présente, ce qui la rend facile à prendre à la ligne avec un hameçon. Quant à l'appât, tout semble lui convenir, drap rouge, peau de grenouille, hannetons, mouches, etc. Pour bien les engager à saisir ce qu'on leur présente, il faut faire sauter légèrement devant elles l'appât, en ayant soin de ne pas les toucher. Elles accourent à l'envi : quand elles mordent, on cesse de remuer ; puis, dès que l'objet est avalé, vous les enlevez.

315. *Autre manière.* Choisissez une nuit obscure et chaude, munissez-vous de torches de paille de seigle ou autre, mettez-vous dans l'eau avec votre torche allumée, et vous les prendrez à la main sans qu'elles bougent. Il faut observer le silence.

316. *Autre.* Prenez une grenouille, mettez-la vivante sous un verre à boire, sur le cul duquel vous mettrez une pierre pour que la grenouille, en se débattant, ne le renverse pas et ne s'échappe. Dès que les autres entendront croasser la prisonnière, elles accourront en masse pour la délivrer. Alors vous les saisissez avec un filet formé de deux cerceaux en croix qu'on nomme truble. Cette pêche se fait de jour.

317. PÊCHE AUX FILETS.
Quant à la pêche aux filets, chaque pays semble avoir les siens et sa manière. Je ne parlerai ici que de la pêche à l'épervier, à la quenouille (ou poche), au viblas et à la seine. Quant aux piéges tendus par les pêcheurs le long des rivières, ils sont trop nombreux et de trop d'espèces pour trouver place ici (on peut recou-

rir pour plus ample instruction à la Piscicepto-
logie, ou l'art de la pêche).

318. PÊCHE A L'ÉPERVIER. Quand on désire jeter
l'épervier, il faut connaître la nature du fond de
l'eau où l'on doit le jeter, sans cette précaution,
on courrait risque d'engager son filet dans des racines ou de grosses pierres, qui pourraient faire
manquer le coup, si elles n'occasionaient pas la
perte du filet. Cela fait, il faut, la veille, engrai-
ner les endroits où l'on désire pêcher, soit en y
jetant simplement du grain, soit en se servant
d'un des appâts de fond dont nous avons indiqué
la recette. Les grains dont on se sert doivent
avoir bouilli dans l'eau.

319. PÊCHE A LA QUENOUILLE. Ce filet, bien
conduit, est le fléau des petites rivières; gros et
petits poissons s'y prennent.

Ce filet a cinq ou six pieds d'ouverture, plus
ou moins, selon la grandeur de la rivière où l'on
pêche. Il est fait en forme de sac, en allant toujours en se rétrécissant jusqu'à la fin, qui est attachée à une forte corde. Sa longueur doit être à
peu près de trois fois sa largeur à la naissance;
la partie basse de l'entrée du filet, qui est destinée à toucher le fond, est plombée, comme les
bords de l'épervier, dans toute sa longueur; la partie supérieure doit rester à fleur d'eau pour lais-

ser une entrée libre au poisson et empêcher les plus rusés a passer par-dessus le filet. On la garnit soit avec de gros morceaux de liége, soit avec du bois de saule coupé en rouelles de quatre pouces de long, et la corde passée dedans. Ces morceaux de bois doivent être mis à quatre ou cinq pouces les uns des autres, et fixés à leur place respective. Les deux côtés de l'entrée du filet doivent être tenus ouverts dans toute leur hauteur par deux perches de sept pieds de long (plus ou moins, suivant les rivières). La hauteur du filet doit également varier par la même raison ; cependant elle doit toujours avoir de trois pieds à quatre pieds et demi. Les perches tiennent au filet par le bas, de façon que la perche ne doit le dépasser que d'un pouce, afin d'entrer ce pouce dans la vase ou le sable, et donner de la sûreté au filet : elles doivent encore tenir au filet tout le long de sa hauteur, de manière que le filet n'offre aucun trou par lequel puisse fuir le poisson. Vos deux perches, ainsi arrangées, doivent tenir le filet ouvert dans toute sa hauteur.

Veut-on pêcher sous des crones et le long des balmes de la rivière, deux hommes doivent se mettre à l'eau et tenir chacun une des perches. Celui qui est en-dessous du courant doit enfoncer la perche sous le crone, de façon à ce que le filet ne laisse rien passer eutre lui et le rivage ; le second décrit en remontant une partie de cercle, et vient se fixer à deux pieds environ du bord. L'ouverture que laisse celui-ci est nécessaire pour permettre au troisième homme de battre fortement sous le crone avec une grande perche qu'il enfonce dans la cavité de la rive, en ayant soin de commencer par le haut, et de réserver le bas pour la fin. Les derniers coups donnés, les hommes lèvent vîte, et le poisson, les écrevisses, etc., se trouvent pris. Le bout du filet doit être plombé, ou l'on doit y mettre une pierre pour le tenir fixé au fond.

320. PÊCHE A LA SEINE. Le filet dont il s'agit ici est plus ou moins large, et sa hauteur plus ou moins grande, selon la rivière ; cependant il y en a depuis vingt pas jusqu'à soixante de large. Ce filet se place droit ; il est, à sa base, garni de plomb qui le fixe à terre, et le haut est garni de liége ou de bois.

Il y a deux façons de pêcher avec ce filet : la première consiste à le traîner debout avec des hommes placés à chaque extrémité, et qui, comme dans le précédent, tirent chacun une corde ; la deuxième, qui est la meilleure, est de fixer une des cordes à un fort piquet mis dans un lieu où l'abordage est facile ; l'autre côté est traîné par des hommes qui décrivent une circonférence et viennent se réunir au piquet. Arrivé là, on tire doucement le filet par le bas, en ayant bien soin de ne pas le faire quitter le fond. Par ce moyen simple on amène le poisson jusque hors de l'eau. En arrivant près du bord, il sera bon qu'un homme, de chaque côté, tienne la partie supérieure un peu au-dessus de l'eau : car sans cette précaution le brochet, qui se sentirait pris, pourrait sauter par-dessus.

Si les eaux étaient trop profondes pour permettre à des hommes de traîner le filet, on attacherait la corde à un petit bateau et on conduirait ainsi le filet.

321. PÊCHE AU VIBLAS. Ce filet est fait comme la quenouille; il ne diffère d'elle que par sa grandeur, qui peut être dix fois plus considérable, et par les deux grandes cordes qui remplacent les perches.

Ce filet est traîné par quatre, six, ou huit hommes, qui tiennent de chaque côté les cordes. Les courans des rivières, des fleuves, sont les meilleurs endroits pour cette pêche : comme on traîne ce filet en remontant le courant, et que le poisson descend difficilement, à quarante ou cinquante pas en dessus de l'endroit où commence la pêche, on a deux hommes qui traînent une chaîne en se rapprochant des hommes qui montent. Le bruit de la chaîne force le poisson à redescendre et à aller se jeter dans le filet. Quand la chaîne est arrivée près du filet, les hommes d'un des côtés du filet s'empressent de se réunir à leurs camarades, afin de fermer l'ouverture du filet; puis, en commun, ils gagnent la rive, traînant le filet au sec. J'ai vu prendre dans la Loire d'un seul coup de ce filet cent cinquante livres de poisson. Parmi les belles pièces on remarquait deux saumons, une truite de plus de douze livres, quatre ou cinq brochets énormes, et un blanc de sept à huit livres.

322. PÊCHES dont l'usage n'est permis que dans des trous et des relaissés sans communication avec la rivière ou étang, et dont on est propriétaire.

1.º La chaux éteinte, que l'on épanche et remue dans l'eau, et qui tue tout, petit et grand; 2.º la coque, qui enivre les poissons qui en ont mangé; 3.º enfin, le tithymale, aussi destructeur que la chaux.

Voici la recette pour la coque : prenez coque du Levant, avec du cumin, du fromage vieux, de la farine de froment et du vin; broyez le tout ensemble (la coque doit être pilée), et formez-en de petites pilules grosses comme des pois, et jetez-les à l'eau. Je dois prévenir que ces trois pêches sont défendues par les lois, et que, si l'on était pris dans une rivière, on pourrait avoir sur le corps une mauvaise affaire.

CHAPITRE X.

Physique amusante.

323. **Première expérience.** (*Rendre la fraîcheur aux fleurs fanées.*) Lorsque les fleurs ont resté quelque temps dans l'eau, elles commencent à se faner; on les rétablit presque toutes en les plaçant dans l'eau bouillante jusqu'à la hauteur de la tige : au bout du temps nécessaire pour le refroidissement de l'eau, les fleurs se redressent et reprennent toute leur fraîcheur.

324. **Deuxième expérience.** (*Fondre du plomb enveloppé dans du papier sans brûler ce dernier.*) Enveloppez dans du papier une petite balle de plomb, et suspendez-la au moyen d'une pince au sommet de la flamme d'une bougie; le plomb fondra sans que le papier soit brûlé, à l'exception du trou par lequel le plomb fondu passera.

325. **Troisième expérience.** (*Exposer du fil de lin à la flamme sans le brûler.*) Prenez du fil de lin, entourez-en fortement une pierre bien lisse, et exposez-le à la flamme d'une bougie; le fil ne brûlera pas.

326. QUATRIÈME EXPÉRIENCE. (*Pour séparer en deux une pièce de monnaie.*) Enfoncez dans du bois trois épingles sur lesquelles vous placerez une petite pièce de monnaie d'argent ou de cuivre; mettez du soufre dessus et dessous cette pièce et allumez-le. Lorsque la combustion sera terminée, vous trouverez presque toujours la pièce partagée en deux parties égales.

327. CINQUIÈME EXPÉRIENCE. (*Placer un charbon, faire brûler du papier sur un mouchoir, ou y appliquer la flamme d'une bougie, sans le brûler.*) Prenez une boîte de montre (ou tout autre corps métallique), couvrez la partie convexe avec un côté du mouchoir, en faisant en sorte qu'il ne soit pas double; pressez fortement toutes les parties de ce mouchoir contre le métal, en les tenant toutes bien tendues par la torsion du côté du verre. Cela fait, vous pouvez placer sur le mouchoir un charbon ardent, y brûler du papier, sans brûler le mouchoir.

328. SIXIÈME EXPÉRIENCE. (*Volcan artificiel.*) Faites une pâte avec trente livres de soufre en poudre, autant de limaille de fer et suffisante quantité d'eau; enterrez ce mélange à deux pieds de profondeur; au bout d'environ quinze heures il se forme un volcan qui projette des cendres et renverse ce qui s'oppose à son explosion.

329. Septième expérience. (*Pour avaler la flamme d'une bougie sans se brûler.*) Approchez une bougie allumée des lèvres et aspirez fortement; dès-lors la flamme pénètrera dans la bouche sans vous brûler. (On prévient que, pour ne point se brûler, il faut aspirer hardiment.)

330. Huitième expérience. (*Pour se rendre incombustible.*) M. Semetini, physicien italien, a découvert, 1.° qu'au moyen des frictions avec les acides, particulièrement de l'acide sulfurique étendu d'eau, la peau devenait insensible à l'action de la chaleur du fer rouge.

2.° Une solution d'alun, évaporée jusqu'à ce qu'elle devînt spongieuse, était encore plus propre à cet effet en l'employant en frictions. M. Sementini, après avoir frotté avec du savon dur les parties du corps rendues incombustibles ou plutôt insensibles, et les avoir ensuite lavées, reconnut, en appliquant une plaque de fer rouge dessus, que cette insensibilité s'était accrue. Il se décida alors à frotter de nouveau avec le savon les mêmes parties, et non-seulement le fer rouge ne lui fit éprouver aucune douleur, mais les poils ne furent pas brûlés.

3.° Satisfait de ces recherches, ce physicien frotta sa langue avec du savon dur; elle devint insensible à l'action du fer chaud.

4.° Un enduit composé de savon et d'une solution bouillante saturée d'alun, placé sur sa langue, le fer rouge fut sans effet.

5.° L'huile bouillante répandue sur sa langue ainsi préparée, ne la brûlait point; on entendait un sifflement tel que celui du fer qu'on éteint dans l'eau : alors l'huile était tiède et pouvait être avalée sans danger.

331. NEUVIÈME EXPÉRIENCE. (*Pour graver sur l'acier avec une plume.*) On fait chauffer une lame de couteau, de sabre, etc.; on la frotte avec de la cire blanche de manière à ce qu'il en reste une couche bien unie d'environ une demi-ligne. On écrit alors avec une plume sur la cire de manière à pénétrer jusqu'à l'acier. On verse sur la gravure un peu de vinaigre qu'on saupoudre avec du deutochlorure de mercure (sublimé corrosif); deux minutes après on expose la lame à une douce chaleur pour enlever la cire, et on aperçoit bien distinctement la gravure sur la lame.

332. DIXIÈME EXPÉRIENCE. (*Pour écrire en caractères lumineux.*) On trace sur un mur, avec un bâton de phosphore, des caractères d'écriture ou tout autre objet: dans les ténèbres ces caractères seront apparens.

333. ONZIÈME EXPÉRIENCE. (*Pour se rendre les mains et la figure lumineuses.*) Frottez-vous

légèrement les mains et la figure avec du phosphore, et dans l'obscurité elles seront lumineuses.

334. Douzième expérience. (*Pour faire l'huile phosphorique et rendre la figure des individus hideuse.*) Prenez six parties d'huile d'olive et une partie de phosphore ; laissez-les digérer ensemble au bain de sable, et conservez cette solution, qui dans l'obscurité devient lumineuse.

Lorsqu'on veut en faire un amusement physique, on ferme les yeux, et après avoir trempé dans la solution un morceau d'éponge, on s'en frotte les mains et le visage, qui alors se couvrent d'une légère flamme bleuâtre, tandis que les yeux et la bouche se présentent comme des taches noires. Cette expérience est sans danger.

335. Treizième expérience. (*Prendre une pièce d'argent dans un verre d'eau sans se mouiller.*) Saupoudrez la surface de l'eau de *lycopode*, et lorsque vous y plongerez la main pour aller prendre la pièce, la poudre de *lycopode*, s'appliquant sur la peau, la défendra du contact de ce liquide. Il suffira ensuite de secouer la main pour la débarrasser de cette poudre.

336. Quatorzième expérience. (*Faire sortir le vin d'une bouteille, et la remplir d'eau sans*

la toucher.) Prenez une petite bouteille à goulot très-étroit, remplissez-la de vin, et plongez-la dans un vase de verre plein d'eau et dont la hauteur dépasse d'environ deux pouces celle de la bouteille, vous verrez aussitôt le vin s'élever en forme de petite colonne et venir nager à la surface de l'eau, tandis que ce liquide ira occuper sa place au fond de la bouteille.

337. Quinzième expérience. (*Répondre à une question par écrit sur un papier qu'une autre personne aura emporté avec elle.*) Cet amusement consiste à écrire, sur un grand nombre de carrés de papier, les questions qu'on veut, et au-dessous, avec du *nitro-muriate d'or,* les réponses qu'on fait à ces diverses questions : on les fait sécher et on les conserve dans un porte-feuille. Lorsqu'on veut s'en servir, on en fait choisir quelques-uns par les spectateurs, en les engageant à les garder et leur annonçant que vous irez dans la nuit y écrire au-dessous la réponse, pourvu qu'on les laisse sur la cheminée ou le poêle : il en résulte que si on tient ces papiers dans un endroit chaud, la réponse se trouve le lendemain matin très-visible.

338. Seizième expérience. (*Pour graver facilement sur verre.*) Faites chauffer le verre et enduisez-le d'une couche de cire ; quand elle sera

refroidie, tracez dessus les traits ou dessins que vous désirez, de manière à pénétrer jusqu'au verre ; plongez-le ensuite dans l'acide sulfurique, et saupoudrez de fluate de chaux : au bout d'un certain temps on fait chauffer de nouveau le verre pour enlever la cire, et on trouve tous les traits reproduits en creux.

339. DIX-SEPTIÈME EXPÉRIENCE. (*Pour rendre le lustre à l'or ou aux galons d'argent ternis.*) Pour produire cet effet, il suffit de les bien nettoyer avec de l'esprit de vin bouillant.

340. DIX-HUITIÈME EXPÉRIENCE. (*Rompre un bâton reposant sur deux verres sans les casser.*) Prenez un bâton bien uni, de moyenne grosseur, effilez ses deux extrémités et faites-les reposer par leur pointe sur deux verres ; frappez ensuite un fort coup sur le milieu avec un autre bâton, mais plus gros, et vous le romprez aussitôt sans casser les verres.

---

341. ENCRE INDESTRUCTIBLE, résistant à l'action des substances corrosives. Dissolvez à une douce chaleur cinquante grains de copal en poudre dans quatre cents d'huile de lavande ; ajoutez à cette dissolution cinq grains de noir de fumée et quatre grains d'indigo.

342. TONNERRE. (*Moyens de s'en préserver.*) Dans les bâtimens dépourvus de paratonnerres, on peut se préserver des effets de la foudre en se tenant loin des murailles, des portes, des fenêtres, et principalement des substances métalliques. Un des meilleurs moyens est de s'isoler en se plaçant sur des matelas.

343. *Autres moyens.* Il faut, quand l'orage vous surprend dans les champs, bien éviter de se mettre sous les arbres, surtout sous ceux qui se terminent en pointe, comme les peupliers. Il faut se tenir à trois ou quatre toises de ces arbres, parce qu'il est presque certain que, si le tonnerre vient à tomber dans les environs, il frappera la pointe du peuplier. Si vous avez avec vous, soit un fusil, ou un instrument quelconque de métal, il est prudent de le déposer à certaine distance du lieu où vous êtes.

Imprimerie de F. G. Levrault.

www.ingramcontent.com/pod-product-compliance
Lightning Source LLC
LaVergne TN
LVHW012008170726
843503LV00001B/274